LA

BOTANIQUE VULGARISÉE

—

TOME PREMIER

LA

BOTANIQUE VULGARISÉE

PAR

Mme LE BEUF-DOLBY

ACCOMPAGNÉE D'EXTRAITS DU COURS DE BOTANIQUE

DE

M. E. LORQUET

PROFESSEUR D'HISTOIRE NATURELLE AU LYCÉE JANSON

Ouvrage orné de gravures intercalées dans le texte

ET ILLUSTRÉ DE PLANCHES HORS TEXTE EN COULEUR

PAR M. DELARCHE

TOME PREMIER

FEUILLES

PARIS

LIBRAIRIE CLASSIQUE EUGÈNE BELIN

Vve EUGÈNE BELIN ET FILS

RUE DE VAUGIRARD, N° 52

1886

Tout exemplaire de cet ouvrage, non revêtu de ma griffe, sera réputé contrefait.

INTRODUCTION

Herboriser, c'est-à-dire collectionner des spécimens de végétation pour les conserver dans un herbier, a de tous les temps été une occupation édifiante pour les esprits cultivés.

Il n'existe pas, en effet, de distraction plus attrayante et qui procure un plaisir aussi réel.

Quel bonheur plus grand que celui de se transporter au milieu des prés et des bois ou dans les lieux montueux dans le but d'y chercher certaines plantes, qui serviront comme objets d'étude, de souvenir et de comparaison.

Il arrive malheureusement que la botanique, si capable d'amuser et d'instruire les jeunes élèves, leur a été présentée dès le début avec des classifications assurément indispensables à mesure qu'ils avancent dans cette étude, mais qui au commencement métamorphosent en science ce qui pourrait n'être pour eux qu'une collection de feuilles et de fleurs.

De toutes les études, il convient certes que celle de notre mère commune, la nature, soit mise à la portée des intelligences juvéniles ; de même, la botanique est celle dont la vulgarisation peut donner les résultats les plus sérieux. Nous concluons de là que, pour acquérir les notions élémentaires d'une science aussi utile, pour mettre chaque élève à même de reconnaître un arbre d'un autre, une plante cultivée d'une mauvaise herbe, il suffit d'appeler chaque spécimen d'un nom connu également bien du laboureur aux champs que du lycéen.

Nous comprenons parfaitement bien que celui-ci trouve aride, en parlant d'un coquelicot, d'avoir à le désigner comme « appartenant à la famille des Papavéracées dont les caractères généraux sont d'avoir une graine à deux cotylédons, des étamines hypogynes et une couronne polypétale ».

L'élève avancé en études académiques reconnaît que l'avantage des termes scientifiques est de résumer une foule de mots sans lesquels on serait fort embarrassé de décrire les mille et mille variétés des diverses plantes ; mais cette adhésion, formée par son jugement, est déjà le résultat du bon sens et de l'*expérience*. Il n'entre pas du tout dans le cadre de la *Botanique vulgarisée* d'écarter de l'étude des classifications élaborées par de grands savants : elle prétend *faciliter* seulement les moyens de faire connaître ces termes et de les faire accepter.

Nos cahiers ne remplaceront donc pas les herbiers qui, après tout, sont des jardins secs, mais que l'élève illustrera par une reproduction verdoyante à côté du spécimen jauni par le desséchement. D'un autre côté, les herbiers ne peuvent remplacer nos cahiers. Ceux-ci comprennent sous forme de thèmes des explications de plantes frais-cueillies dont la nature laisse l'empreinte irrécusable sur une page blanche et que l'élève colore en les recevant de sa main.

Pour le classement des diverses variétés de plantes, nous avons suivi celui que nous fournit encore la nature en faisant suivre les différentes espèces les unes des autres selon les saisons et les mois. Il y a des cahiers de collections pour juin destinés à tout ce qui fleurit en juin, des cahiers pour le mois de mai, de janvier, de mars, etc. Il y a pendant l'hiver les plantes de serre, si faciles à se procurer dans nos grandes villes, sans parler des mousses, des algues, des fougères, des fourrages secs et tant d'autres qui, malgré les frimas, poussent surtout en province, les nombreux conifères et les arbres verts. De cette façon, et sans faire de la botanique aride, le plus jeune des élèves en huitième pourra être botaniste et illustrer son texte d'une impression instantanée, qu'elle soit d'une feuille, d'un pétale ou d'un tronçon de tige. Nos tables et les indications de la fin de notre méthode, le *Guide du botaniste*, ont été rédigées pour servir de références à l'étudiant. C'est tout le bagage scientifique que nous lui demandons.

Ce procédé viendra encore en aide à l'étude du dessin. Il est incontestable que celui qui se serait amusé à n'imprimer que quelques dizaines de feuilles seulement n'aura pas manqué, dans le cours de ce passe-temps, d'en avoir étudié les ramifications et autres particularités, qu'il aura mis en regard le spécimen naturel et sa reproduction opérée par lui-même. Cette attention fixe déjà la pensée et forme l'observation sur l'ordre merveilleux des lignes et sur l'harmonie du coloris naturel. Ce travail de reproduction doit encore donner du goût à grouper et à disposer les flexibles tiges de végétaux dont il s'agit de connaître les fonctions et les propriétés.

Les explications écrites serviront à rendre attrayantes les leçons de calligraphie : la ronde, la gothique et l'anglaise sont également nécessaires pour indiquer les titres, les noms des plantes, l'endroit où elles ont été cueillies, la couleur de leurs enveloppes florales, l'époque de leur floraison et de leur fructification. Tout ce qui peut aider à l'étude, rappeler un fait intéressant devra être écrit en caractères variés, au choix du jeune collectionneur aidé des conseils d'un maître.

Nous nous rappelons nous-même qu'il suffit d'une phrase, d'un mot, d'un signe seulement, placé quelquefois au bas de nos cahiers de classe, pour faire revivre après bien des années ces moments heureux d'excursionniste en vacances où l'on aime tant à revenir.

LE BEUF-DOLBY.

Passy, 30 juin 1886.

AVIS AUX MAITRES

MANIÈRE D'ENSEIGNER D'APRÈS CETTE MÉTHODE

Chaque leçon comprend deux parties : celle qui a pour titre *Instruction* sera donnée en dictée aux élèves qui ont déjà fait des devoirs d'orthographe ; les plus jeunes pourront la copier dans les intervalles d'une leçon à l'autre.

Le vocabulaire à la fin de cette partie est destiné à initier peu à peu les élèves à l'usage des termes botaniques. Les significations de ces termes se trouvent dans le texte et dans le *Guide* à la fin de la méthode ; elles seront écrites et apprises par cœur. Elles feront le sujet d'un court examen au début de chaque nouvelle leçon.

La « partie orale », non moins importante que la première, doit exercer la *réflexion* et l'*observation* chez l'élève. Ce sont deux facultés essentielles pour l'étude de la botanique. Cette partie de la leçon sera lue à haute voix, par les élèves que le maître désignera, et expliquée par celui-ci, lorsqu'il y aura lieu, afin que chacun saisisse bien le sens de cette lecture avant d'être appelé à répondre à l'interrogatoire qui lui sera fait à la fin de chaque leçon et dont la partie orale fournit la base.

La manière de se servir de l'encre verte, un colorant liquide, et d'appliquer les plantes sur les cahiers est expliquée dans le prospectus qui accompagne chaque boîte-palette. Ce petit travail, qui intéresse beaucoup, ne présente aucune difficulté, mais il exige de la part de l'élève le même soin qu'il consacrerait à tout devoir dont la netteté serait obligatoire.

Il y a deux sortes de cahiers : les « cahiers d'étude » et les « cahiers de collections ».

Les premiers servent pour apprendre la botanique et pour illustrer le texte ; les derniers servent d'herbier pour chaque mois de l'année. Quel que soit le spécimen choisi et botanographié dans les cahiers de collections, une description écrite en marge devra l'accompagner. Les points principaux de cette description sont les *noms de la plante ou du feuillage, ses particularités, ses propriétés, son genre de culture et le terrain qui lui est le plus favorable.* Ces détails qu'il est facile de recueillir fourniraient le sujet d'une rédaction dont la copie serait faite pour devoir d'écriture. Les professeurs et les institutrices qui se chargent de cette branche d'enseignement dans les maisons d'éducation pourront s'adresser au Secrétariat pour se procurer tous les renseignements nécessaires ainsi que les végétaux et le matériel indispensables pour la démonstration de cette méthode.

EXERCICES DU BOTANOGRAPHE

Il faut observer dans le choix des plantes qu'elles ne conservent aucune humidité ou qu'elles soient essuyées avec soin entre deux linges avant de les enduire du liquide colorant (vert ou noir).

Cette opération se fait de la manière suivante :

L'élève, après avoir versé une petite quantité du liquide sur son tampon de feutre, en prendra sur sa brosse plate et en couvrira toutes les surfaces inférieures de la feuille dont il veut obtenir le *fac-similé*. Il aura soin d'étendre très également cet enduit, et, s'il lui arrive d'avoir laissé se déposer une épaisseur plus forte dans une place que dans une autre, il se servira de sa seconde brosse, qui est ronde et plus molle, pour retirer ou égaliser, afin d'éviter des « plaques » ou des nuances trop brusques.

Ceci fait, il séchera légèrement son spécimen en l'éventant quelques secondes de la main gauche. Le vert ou le noir devenu ainsi *demi*-sec, et recouvrant le spécimen entièrement, le jeune opérateur placera celui-ci sur la page qu'il doit occuper dans son cahier, et, à partir de ce moment, il aura soin de ne plus le laisser bouger. Tenant toujours le végétal de la main gauche, il le couvrira d'un papier buvard. C'est sous cette feuille de papier qu'il tiendra désormais son spécimen, tandis qu'il promènera l'autre main sur cette feuille, n'appuyant pas plus sur une partie que sur l'autre. Il faut éviter de *frotter* en divers sens, il suffit d'une douce pression de la base au sommet du végétal. Les nervures médianes seront marquées plus fortement en passant dessus le pouce ou l'index de la main droite. Avant de retirer le spécimen il est nécessaire de savoir si l'opération a réussi. L'élève s'en assurera en soulevant la feuille de papier et un des bords du spécimen.

Si l'impression est trop faible, il les laissera retomber à la même place et promènera de nouveau sa main sur la feuille de papier replacée comme avant. La feuille de papier sera enfin soulevée et l'impression se trouvera plus fortement accentuée. Il ne restera plus que le coloris ; une précaution à prendre pour commencer est de bien humecter d'eau les feuilles ou fleurs à colorier. L'élève se servira pour ce travail du petit pinceau à aquarelle et il obtiendra toutes les teintes nécessaires, soit en se servant des pastilles de couleur, telles quelles, soit en les mélangeant dans un petit godet afin d'obtenir les nuances voulues.

Pour les rameaux entiers il faut surtout s'occuper de conserver à la plante son port naturel. On la dispose à cet effet avec soin en éliminant tout d'abord celles des feuilles qui, se plaçant les unes sur les autres, produiraient des transparences et de la confusion; mais, chaque fois qu'un organe sera retranché, il faut laisser voir la place de sa naissance afin de marquer la disposition de la floraison, de la ramification, des nœuds, etc. La manière de procéder pour des rameaux compliqués et superposés fait parte du tome II de la *Botanique vulgarisée*. On met à part, pour la pression, entre deux feuilles de papier buvard, une fleur entière. Toute fleur à botanographier doit être soumise à cette pression (sous un poids léger), au moins vingt-quatre heures. On se sert de coton au lieu du pinceau pour appliquer le colorant noir sur les pétales isolés, sur les fleurs entières ou sur toute partie détachée d'une fleur. Le morceau de coton légèrement passé sur un tampon imbibé de noir en donne une couche suffisante pour des tissus aussi fins.

Toutes les fleurs des Graminées et des Légumineuses (car on ne s'occupe, au cours élémentaire, que de celles-ci) seront présentées en différentes positions, tantôt de côté, tantôt avec l'étendard déployé ou entr'ouvert. Les diverses feuilles caulinaires et radicales seront indiquées, si elles varient sur la même plante. Autant que possible, les parties d'un végétal qui présentent une particularité quelconque seront botanographiées en regard de son feuillage.

L'élève trouvera parmi les indications à la fin de cette méthode une table intitulée : « Calendrier de Flore ». Il saura, en la consultant, en quel mois de l'année il pourra sûrement cueillir ou se procurer certains spécimens; mais, en dehors de cette table et sans recourir à la floraison de la belle saison ni à celle des serres, il pourra au milieu de l'hiver se livrer avantageusement à l'étude de la botanique.

Il est facile de se procurer des collections de toutes les espèces et sous toutes les formes; on n'a qu'à se baisser pour les cueillir ou pour les ramasser dans les prairies et dans nos promenades publiques. On fait sécher les graines des Graminées dans des sacs de papier. Celles qui ont des expansions membraneuses, comme l'aile du cèdre ou celles de l'érable, présentent des effets curieux ; non moins caractéristiques sont les semences du fenouil (en petit bateau), tandis que celles de la capucine ressemblent à un vaisseau. Quelques heures avant d'illustrer ces graines avec les particularités qui les distinguent, on les trempe dans l'eau afin de les assouplir et pour hâter leur retour à une expansion naturelle; puis, on en enlève l'humidité par une légère pression entre deux feuilles de papier buvard ou entre deux linges.

Une collection de feuilles est également facile à constituer. On les conserve sous pression et, avant de s'en servir, on les submerge dans l'eau pour faire revenir leurs saillies et nervures.

Quelques personnes font des collections de racines et d'écorces. Ces organes peuvent retrouver leur forme première lorsqu'on les plonge dans l'eau chaude.

Quand les tiges vertes sont trop épaisses, on les fend dans leur longueur pour en faire écouler les sucs. Lorsqu'elles sont sèches, on les place sur la page à illustrer et on en dessine les contours en les suivant avec leurs sinuosités un crayon à la main. Pour d'autres on en retire les parties ligneuses trop résistantes à la pression.

1. **Orme** : feuille dentée.   2. **Chêne** : feuille crénelée.   3. **Érable** : feuille multifide.
4. **Figuier** : feuille multilobée.   5. **Chanvre** : feuille séquée.   6. **Robinier** (*faux acacia*) : f. composée de folioles.

BOTANIQUE VULGARISÉE

PREMIÈRE LEÇON

Le bourgeon. La feuille.

Préfoliation signifie la disposition particulière des feuilles dans le bourgeon où elles sont pliées, plissées, roulées.

On désigne sous le nom de *foliifères* les bourgeons minces et pointus : ils produiront des rameaux et des feuilles. Ceux qui sont gros et arrondis sont dits bourgeons *florifères*, car ils produiront le plus souvent des fleurs et des fruits. Il y a encore des bourgeons qui donnent en même temps des feuilles et des fleurs : ce sont les bourgeons *mixtes*.

Les bourgeons logent un ou plusieurs boutons : ceux qui naissent au printemps sont *nus*, parce qu'ils doivent se développer pendant l'été ; c'est ce qui arrive aux herbes annuelles ; ceux qui naissent en automne sont *écailleux*, étant recouverts, en effet, d'écailles qui les protègent contre les pluies de la mauvaise saison. D'autres sont protégés par une substance cotonneuse ou qui ressemble à un épais duvet.

Chaque écaille protège un bouton de pêcher ou d'abricotier, deux ou trois boutons de prunier, quatre ou cinq de cerisier.

On distingue dans une feuille : 1° le limbe A qui comprend les nervures B et le parenchyme C ; 2° le pétiole D, support plus ou moins allongé, vulgairement nommé queue de la feuille.

VOCABULAIRE BOTANIQUE

L'élève trouvera à la fin de cette méthode la signification des mots suivants, il les copiera et les apprendra par cœur, afin de pouvoir répondre à l'examen que lui en fera le maître à l'ouverture de la leçon suivante :

Préfoliation.   **Foliifère.**   **Florifère.**
Limbe.   **Parenchyme.**   **Pétiole.**

PARTIE ORALE : VIE DES VÉGÉTAUX

*(Tout le texte imprimé en petits caractères dans le cours de cette méthode est tiré de l'œuvre de M. le professeur Lorquet[1]. Pour la manière d'enseigner cette partie, voir l'*Avis aux maîtres, *au commencement de ce livre.)*

Ainsi que l'animal, la plante naît d'un être auquel elle ressemble ; elle se nourrit pour entretenir ses tissus et en former de nouveaux ; elle grandit, atteint sa maturité, se reproduit, décline et meurt exactement comme les animaux. Ses racines puisent dans la terre, et ses feuilles dans l'atmosphère, de quoi former la *sève nutritive.* Ses vaisseaux et ses fibres nouvelles permettent la circulation de ce liquide et des gaz ; ses glandes sécrètent le nectar mielleux et les essences parfumées. Les plantes respirent par toutes leurs régions molles, d'une manière conforme à *la loi qui régit* tous les êtres vivants : elles absorbent de l'oxygène et rejettent en échange du gaz carbonique et de l'eau. Cette respiration aurait déterminé une concurrence vitale entre les deux règnes, l'air serait devenu irrespirable pour l'un et l'autre, *si les feuilles n'étaient pas douées du pouvoir inverse de décomposer le gaz carbonique pendant le jour* et de mettre en liberté son oxygène. C'est la *nutrition diurne des organes verts* : elle forme de l'amidon et du sucre au sein des végétaux, ce qui complète l'absorption des racines, et elle maintient constante la composition de l'atmosphère. La plante absorbe les principes solubles ; elle ne digère pas les insolubles.

Le but final de l'activité végétative consiste à assurer la perpétuité des plantes : la reproduction s'effectue surtout par les fleurs qui viennent couronner le végétal d'un diadème brillant et parfumé, mais ni l'éclat ni l'odeur ne sont indispensables, comme vous l'avez remarqué chez les grands arbres de nos forêts et sur les céréales de nos moissons.

---

1. *Botanique,* tome II. — Prix : 2 francs. En vente : rue de la Sorbonne, 20 ; rue de la Pompe, 118, 123.

QUESTIONNAIRE

1. Où les feuilles puisent-elles de quoi former la sève nutritive?
2. Où les racines puisent-elles de quoi former cette même sève?
3. Par où passe la nourriture qui entretient ainsi la vie des végétaux?
4. Par où respirent les plantes?
5. Qu'absorbent-elles?
6. Que rejettent-elles?
7. Comment se fait-il que l'air ainsi chargé reste respirable?

EXERCICES

Le maître distribuera à chaque élève une feuille dont l'envers ayant été recouvert sera botanographié, puis colorié par tous dans les cahiers d'étude, immédiatement au-dessous du vocabulaire. Il ne faut pas omettre les initiales de report indiquées dans le texte. Celui-ci aura été soit écrit sous la dictée, soit copié.

Cette première reproduction d'une feuille, grande ou petite, doit présenter les caractères suivants :

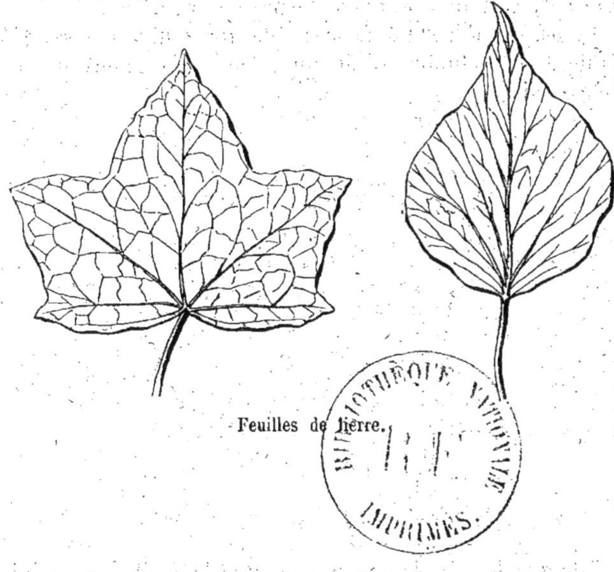

Feuilles de lierre.

DEUXIÈME LEÇON

La feuille : limbe et pétiole.

INSTRUCTION

Voir page 9 pour la manière de procéder à l'enseignement de chaque leçon.

Le *limbe* nous offre à considérer extérieurement : 1° une *surface supérieure* unie et lisse, A ; 2° une *surface inférieure* d'une teinte moins foncée, plus molle et souvent revêtue de duvet, B ; 3° une *base* qui l'unit au pétiole, C ; 4° un *sommet*, ou partie opposée à la base, D ; et 5° une *circonférence* E, qui détermine la forme de la surface.

Le *pétiole* F est un faisceau de fibres non encore désunies, et le limbe n'est que l'épanouissement de ce même faisceau.

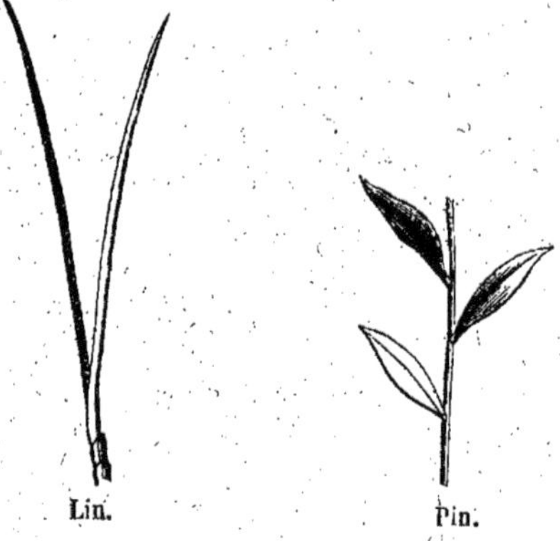

Lorsque le pétiole manque et que la feuille se réduit à un limbe appliqué immédiatement sur la tige, on la nomme *sessile*, disposition que l'on observe dans le *buis*, le *lin*, etc.

D'autres feuilles sont réduites à la partie fibreuse et forment des sortes d'aiguilles. Elles sont nommées *aciculaires*. Ex. : le *pin*.

VOCABULAIRE BOTANIQUE

Sessile.   **Aciculaire.**

PARTIE ORALE : VIE DES VÉGÉTAUX

Utilité des végétaux : *Pour le règne animal*. — Par une harmonie que l'on ne saurait trop admirer, les plantes préparent la nourriture des animaux et purifient l'atmosphère qu'ils respirent.

1° Avec des éléments minéraux dont l'animal ne pourrait tirer aucun parti, le végétal *organise les cellules* de ses tissus et les remplit de provisions nutritives, amidon, fécule, sucre, huile, gluten, légumine, — provisions accumulées surtout auprès des *germes nouveaux* dans les fruits, les tubercules, etc., ou réservées pour l'avenir au sein des racines, des feuilles, etc. Ces *réserves*, que la plante devait utiliser, nourrissent directement l'animal herbivore qui ne peut vivre d'éléments minéraux, et celui-ci sert de proie au carnassier qui ne peut s'assimiler la nourriture végétale : ainsi la disparition des plantes serait immédiatement suivie de celle des herbivores et, à bref délai, de celle des carnassiers.

2° Les végétaux assainissent notre globe. Leurs racines puisent dans le sol les résidus putrides de la décomposition animale, détritus dont l'accumulation déterminerait des épidémies pestilentielles et, par suite, l'anéantissement du règne animal. Les plantes nous donnent une partie de nos *aliments* (pain, grains, légumes, salades, fruits, huiles, sucre, vin, bière, cidre, thé, café, condiments, champignons) *et tous ceux du bétail et de la basse-cour;* une partie de nos *vêtements*, coton, lin, chanvre, orties de Chine, — les bois de construction, — des *huiles* pour éclairage, savon, peinture, — des couleurs, — le tannin; les gommes, les résines, les essences; des remèdes nombreux.

QUESTIONNAIRE SUR LA PARTIE ORALE

1. Quelle est l'utilité des végétaux pour le règne animal? pour le genre humain?

2. Qu'arriverait-il si les feuilles n'étaient pas douées du pouvoir de décomposer le gaz carbonique?

3. A quel moment a lieu cette décomposition?
4. Comment appelle-t-on cette fonction?
5. Que forme la nutrition au sein des végétaux?

EXERCICES

Le maître distribuera à chaque élève une feuille pourvue d'un pétiole. Elle sera botanographiée comme dans la leçon précédente, mais cette fois l'encre verte couvrira les deux surfaces, le revers en premier; et, quand la feuille sera imprimée de ce côté, l'endroit sera enduit et imprimé à son tour.

TROISIÈME LEÇON

La nervation.

INSTRUCTION

Voir page 9 pour la manière de procéder à l'enseignement de chaque leçon.

La distribution des nervures dans le parenchyme constitue la nervation.

1° On appelle *nervures parallèles* celles qui partent de la base des feuilles et se dirigent vers le sommet en traversant le limbe parallèlement, comme dans l'*iris*.

2° On appelle *feuilles pennées* (du mot latin *penna* qui signifie plume) celles dont les nervures partent de chaque côté de la nervure principale comme les barbes d'une plume. La nervure principale représente une sorte de colonne vertébrale, de laquelle se détachent les nervures plus faibles, lesquelles donnent naissance à d'autres nervures dont l'ensemble constitue un véritable réseau. Ex. : la feuille de l'*orme*.

3° On appelle *feuilles palmées* celles dont plusieurs nervures naissent à la fois de la base du limbe et sont disposées comme les doigts de la main. Ex. : les feuilles du *marronnier*.

4° On appelle *feuilles peltées* (du mot latin *pelta*, bouclier) celles dont le pétiole se termine au milieu du limbe et représente assez bien le moyeu d'une roue. Ex. : la feuille de *capucine*.

Le petit tableau suivant, tiré de la *Vie des végétaux*, est le développement de ce qui précède.

VOCABULAIRE BOTANIQUE

NERVURES

Penninerviée. — Nervures en plume d'oiseau : *tilleul*.
Palminerviée.   —   en patte palmée : *mauve*.
Rectinerve.   —   parallèles : *iris, blé, alpiste*.
Curvinerve.   —   courbes : *muguet, funkie*.
Pennatifide. — Chardon bénit. — PALMATIFIDE : *houblon* (du latin *fidus*, fendu).
Pennatilobée. — Gingko. — PALMATILOBÉE : *tulipier*.
Pennatipartite. — Cyclantus. — PALMATIPARTITE : *platane* (du latin *partitus*, divisé).
Pennatiséquée. — Chélidoine. — PALMATISÉQUÉE : *ricin*.

PARTIE ORALE : VIE DES VÉGÉTAUX

(Page 14.)

Nutrition végétale. — La plante n'absorbe que les principes *solubles* ou fluides : elle les convertit en une sève nourricière qui entretient et accroît ses tissus, de même que le sang revivifie et augmente le corps de l'animal. En règle générale, les principes insolubles, fussent-ils pulvérisés finement comme l'amidon, ne sont pas absorbés par le végétal : il est donc dépourvu de cette digestion en vertu de laquelle l'animal tire parti des aliments insolubles et les rend capables de traverser la paroi du tube digestif.

La plupart des *réserves nutritives* déposées par la sève ne sont pas solubles : fécules, glutens, huiles ; elles le deviennent au moment opportun sous l'influence de *ferments* identiques à ceux de la digestion animale.

Les champignons ne fabriquent pas d'amidon et vivent tout spécialement de détritus organiques par une sorte de digestion. Enfin les plantes carnivores digèrent, dans toute l'acception du terme (à l'aide d'une excrétion comparable au suc gastrique, c'est-à-dire très riche en pepsine), les petites proies emprisonnées dans leurs feuilles disposées en piège, cornet, urne.

Nous ne trouverons au sein des plantes ni les nerfs qui transmettent les ordres, ni les muscles qui les exécutent. Si elles accomplissent d'assez nombreux mouvements, utiles à leur existence, tels que le retournement des feuilles, le sommeil des fleurs, l'inclinaison des étamines, ce sont des réactions, provoquées le plus souvent par l'afflux ou l'écoulement des liquides. C'est ainsi que le soleil produit l'affaissement momentané des feuilles et des fleurs, en activant l'évaporation dont elles sont le siège : c'est ainsi que la formation de sucre, pendant le jour, par les organes verts, les rend plus rigides au commencement de la nuit, en déterminant un appel de la sève vers le sucre qu'elle vient dissoudre.

QUESTIONNAIRE

1. Qu'entendez-vous par les mots *soluble, insoluble*?
2. En quoi diffère la digestion des végétaux de celle des animaux?
3. De quoi vivent les champignons?
4. Que digèrent les plantes carnivores?
5. Expliquez la cause de l'affaissement des feuilles et des fleurs pendant les chaleurs, et celle de leur rigidité au commencement de la nuit. Comment expliquez-vous le retournement des feuilles, le sommeil des fleurs?
6. Quels sont les organes qui forment l'amidon et le sucre?
7. D'où viennent les parties nu'ritives qui entretiennent la vie des végétaux?

EXERCICES

Le maître distribuera à chaque élève des feuilles de différentes nervures et, autant que possible, celles qu'indique le tableau; en hiver celles des arbres verts et de serre peuvent en remplacer.

(S'adresser au Secrétariat pour tout avis à ce sujet.)

Houblon (feuille palmatifide).

QUATRIÈME LEÇON

Feuilles simples et composées.

INSTRUCTION

Les feuilles sont *simples* lorsqu'elles sont formées d'une seule lame et qu'on ne peut en isoler une partie sans déchirer l'autre. Ex. : la feuille de *lilas*.

Les feuilles sont *composées* lorsqu'elles résultent de la réunion de plusieurs folioles isolées les unes des autres, séparables sans déchirement. Ex. : les feuilles de *rosier*, de *lupin*, d'*acacia*.

Le tableau suivant, tiré de la *Vie des végétaux*, nous indique les diverses formes des feuilles et fournit en même temps de nombreux exemples pour le botaniste.

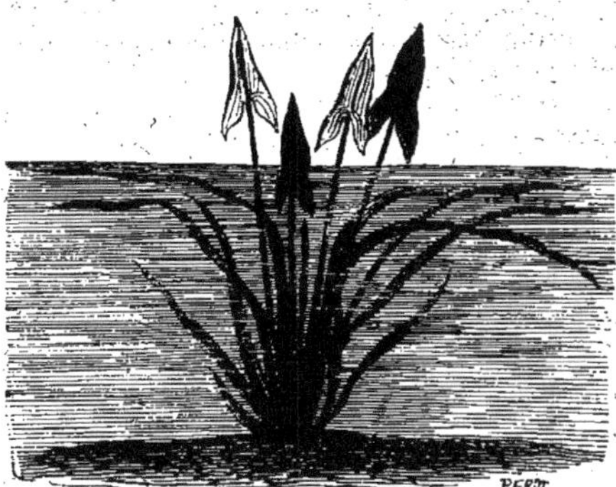

Feuilles de la sagittaire.

Il est à remarquer qu'il y a des variations dans les feuilles d'un même végétal. Chez le lierre, par exemple, il existe

une notable différence entre les feuilles des rameaux florifères et celles des rameaux stériles : celles-ci sont à cinq
lobes, et celles-là sont entières. Il y a aussi, en général,
deux espèces de feuilles chez les végétaux aquatiques.

VOCABULAIRE BOTANIQUE

FORMES	EXEMPLES
Entière.	Limbe non dentelé : *lilas, pervenche.*
Dentée.	— dentelé : *tilleul, menthe.*
Crénelée.	— crénelé : *chêne, germandrée.*
Multifide.	Divisions pointues : *érable, abutilon.*
Multilobée.	— arrondies : *vigne, lavatera.*
Multipartite.	— profondes : *centaurée, mélilot.*
Séquée.	— très profondes : *carotte, fumeterre.*
Peltée.	Limbe en bouclier : *capucine, nénuphar.*
Sagittée.	— en fer de lance : *fléchière, céropège.*
Cordiforme.	— en cœur : *caladium, pontédérie.*
Ensiforme.	— en glaive : *iris, glaïeul.*
Roncinée.	Dents courbes en arrière : *pissenlit.*
Lyrée.	— en lyre : *valériane, chêne-rouvre.*
Ascidie.	Renflée en urne : *népenthès, cephalotus.*
Fistuleuse.	Feuille creuse : *ail, oignon.*
Grasse.	— charnue : *sedum, bégonia.*
Pectinée.	*Aciculaire :* en aiguille : *Conifères.*
Epineuse.	*Houx, fragon, épine-vinette, mahonie.*
Ecailleuse.	*Cactus, gui, orobranche.*
Phyllode.	Pétiole élargi, pas de limbe : *acacia australien.*

Phyllodes.   Fragon.   Népenthès.   Verticillées.

PARTIE ORALE : VIE DES VÉGÉTAUX

(Page 7.)

Le principe vivant de la plante, le *protoplasma*, gelée granuleuse comparable au blanc d'œuf, possède avec la faculté d'assimiler et de se reproduire le don de l'*irritabilité*, c'est-à-dire le pouvoir de réagir, en se contractant, contre les influences extérieures, choc, blessure, corrosifs, chaleur, lumière : ces mouvements sont bien plus manifestes chez les végétaux inférieurs, champignons et algues, parce que leurs tissus sont presque uniquement formés de cette gelée vivante, tandis que dans les plantes mieux organisées les tissus durcis entravent les manifestations de l'irritabilité du plasma.

« Lorsque le plasma disparaît, la cellule meurt, soit que des provisions la remplissent, soit qu'elle s'incruste, soit qu'elle ne contienne plus que de l'air, comme on le constate au sein de la moelle du sureau et dans le liège de l'écorce. Au centre des bambous et des chaumes (pailles) de nos céréales la destruction du parenchyme est complète, de sorte que la tige devient creuse. »

LA SÈVE

(Page 45.)

La sève est le liquide nourricier des plantes comparable au sang des animaux : elle entretient et accroît le végétal ; elle développe les bourgeons, feuilles, fleurs et fruits ; elle forme chaque année par l'intermédiaire du cambium une nouvelle couche de bois et une nouvelle d'écorce dans les arbres dicotylédones. L'eau absorbée par les racines, avec certains principes utiles en dissolution, constitue la *sève brute aqueuse* que des échanges continuels rendent de plus en plus nutritive et dense à mesure qu'elle s'élève dans l'aubier jusqu'aux extrémités du végétal. Le liquide atteint sa plus grande élaboration dans les feuilles qui l'enrichissent en amidon et en sucre, et lui permettent d'exhaler énormément d'eau : il constitue alors la *sève nourricière* qui va former de nouveaux tissus et les remplir de provisions utiles. Une partie de cette sève élaborée *nourrit sur place le végétal*, l'entretient, le revivifie et l'accroît ; une autre enrichit le cambium, surtout en principes azotés ; une troisième, où dominent les fécules et les huiles, redescend à travers les vaisseaux cribreux de l'écorce pour nourrir les racines ; une dernière contribue à former des réserves liquides nommées latex, mannes, gommes, térébenthines. Ainsi la sève brute est nettement *ascendante* à travers l'aubier, et une portion restreinte de la sève élaborée est *descendante* au sein du liber, dans les tubes cribreux.

Ascension de la sève au printemps. — La sève aqueuse ou brute s'élève des racines aux feuilles à travers la dernière zone d'aubier :

vaisseaux et fibres conductrices se prêtent particulièrement à cette ascension printanière, mais les jeunes fibres en fuseau et les files de cellules peuvent y participer. Un saule que la vieillesse a creusé continue de vivre, tant qu'il possède quelques faisceaux ligneux d'aubier. L'élévation de la sève s'opère au réveil de la végétation : elle se ralentit en été, quand le rôle du fluide nourricier est terminé, alors que les fruits ont mûri, que les feuilles vont tomber, et que les bourgeons de la prochaine année ne demandent qu'à sommeiller : aussi les vaisseaux ne renferment-ils que des gaz au commencement de l'automne. Lorsque cette saison est trop chaude, une certaine reprise de la sève fait éclore prématurément quelques bourgeons : mais l'hiver vient condamner les plantes à la léthargie.

QUESTIONNAIRE SUR LA PARTIE ORALE

1. Que faut-il entendre par le mot *irritabilité* appliqué aux plantes?
2. Que signifie *protoplasma*?
3. Que veut dire *organes chlorophylliens*?
4. Qu'entendez-vous par *sève aqueuse*?
5. Comment cette sève devient-elle nourricière?
6. Expliquez la marche ascendante et descendante de la sève dans ses fonctions alimentaires?
7. A travers quels vaisseaux passe-t-elle pour nourrir les racines?
8. A quelle époque de l'année se ralentit la marche de la sève?

EXERCICES

Le maître distribuera aux élèves celles des feuilles citées plus haut qui sont les plus connues et que chacun peut se procurer. Elles seront botanographiées dans les cahiers d'étude, chaque spécimen ayant en regard son nom et celui de sa conformation expliqués comme dans le tableau. Ce vocabulaire devra être retenu en entier avant que l'élève passe à la leçon suivante.

CINQUIÈME LEÇON

Feuilles composées et décomposées.

Il arrive assez souvent aux jeunes commençants de confondre une feuille très divisée (multipartite) avec une feuille composée.

Dans la feuille *composée*, l'axe primaire porte des axes secondaires garnis de petites feuilles qui portent le nom de *folioles*, le tout ressemblant à des rameaux garnis eux-mêmes de feuilles ; mais on distingue une feuille composée d'une vraie branche par l'absence des bourgeons dans le V des folioles appelé *aisselle*, tandis qu'il y en a toujours dans l'aisselle des autres feuilles.

On entend par feuille *décomposée* une feuille dont l'axe porte non seulement des axes secondaires, mais encore des axes tertiaires servant de pétiolules aux folioles. Le tableau suivant, tiré de la *Vie des végétaux*, résume ces différents genres et servira de guide pour l'avenir.

FEUILLES COMPOSÉES

1º *Composées pennées :* en plume d'oiseau

Imparipennée. — Axe terminé par une foliole : *robinier*.
Paripennée. — Axe non terminé par une foliole : *caroubier*.

2º *Composées digitées ou palmées* : en patte

Trifoliée. — *Trèfle mélilot.*
Quintifoliée. — *Pavia.* — 7-FOLIÉE : *marronnier d'Inde*.
Multifoliée. — *Lupin.*
Unifoliée. — (par avortement des latérales) : *oranger*.

FEUILLES DÉCOMPOSÉES

ou doublement composées : BIPENNÉE : *sensitive*.

FEUILLES SURDÉCOMPOSÉES

ou triplement composées : TRIPENNÉE, TRIDIGITÉE.

Nous avons fait observer que les parenchymes sont tantôt

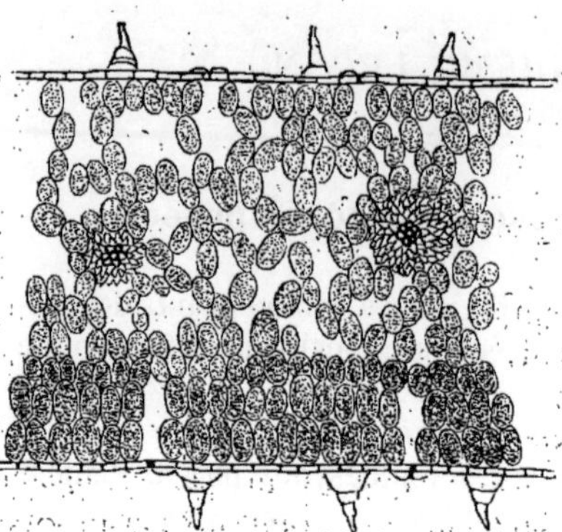

Tissu d'une feuille.

traversés de nervures depuis la base jusqu'au sommet du limbe, tantôt traversés de nervures courbes, *pennées*, etc. Il reste à dire encore que les parenchymes présentent une grande variété de *dessins fibreux*. Cette variété provient de la direction que prend la sève en s'écoulant. Elle constitue ainsi des petits canaux, ce qui fait dire que les cellules dans le tissu sont *ponctuées, rayées, réticulées, aréolées, annelées, spiralées.*

VOCABULAIRE BOTANIQUE

Bipennée.	**Ponctuée.**	**Annelée.**
Tripennée.	**Réticulée.**	**Spiralée.**
Tridigitée.	**Aréolée.**	

PARTIE ORALE : VIE DES VÉGÉTAUX

(Page 41.)

Influence du soleil. — Les feuilles semblent s'épanouir le matin, et se replier le soir comme pour sommeiller : en réalité elles pendent horizontales dans la journée par affaissement, et elles se redressent durant la première moitié de la nuit. Leur pétiole est donc moins tendu le jour : voici pourquoi. Le sucre formé par la feuille s'accumule, au coucher du soleil, à la base du pétiole dans le *renflement moteur* du coussinet, et sa présence augmente la tension de ce ressort pendant la première partie de la nuit. C'est toujours la face supérieure dure et foncée qui regarde le soleil : la feuille reprend cette position normale lorsqu'on l'en a détournée ; deux heures suffisent au retournement de l'*arroche* (plante potagère). Dans un appartement

sombre, les feuilles se tournent vers la fenêtre. Le robinier, le sainfoin, le lupin, la casse et la sensitive sont fort impressionnables : les
folioles de leurs feuilles composées se rapprochent soit en se dressant,
soit en s'abaissant. On cite le sainfoin du Bengale, véritable chrono-
mètre dont la grande foliole *médiane* se dresse vers le soleil qu'elle
suit dans sa course, pendant que les deux petites folioles latérales
s'élèvent et s'abaissent alternativement, l'une après l'autre, jour et
nuit en deux ou trois minutes, par saccades qui battent quelquefois
exactement la seconde.

Pendant une éclipse, les feuilles et les fleurs les plus impressionnables prennent leur attitude nocturne : on peut les maintenir
éveillées avec la lumière artificielle. La sensitive se replie au moindre
contact, ses folioles *s'imbriquent* les unes sur les autres comme les
tuiles d'une toiture, et les pétiolules de cette feuille décomposée se
rapprochent de l'axe central qui s'abaisse.

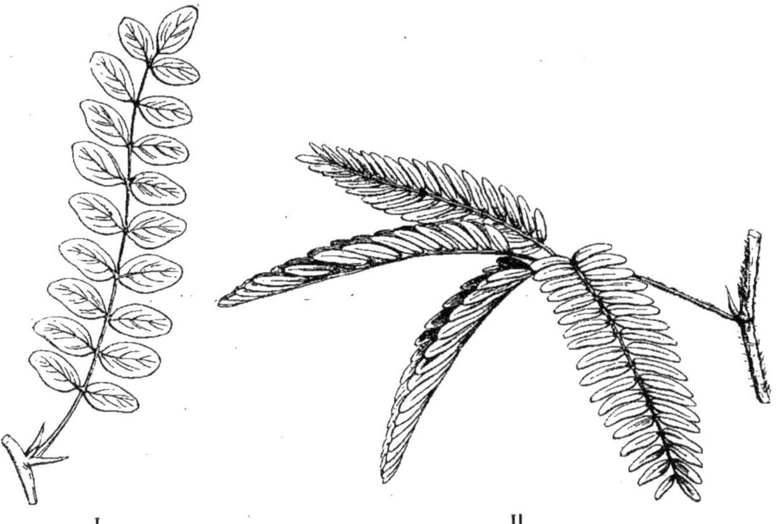

I   II

I. Feuille composée et imparipennée du faux acacia.
II. Feuille de sensitive en partie fermée (décomposée et paripennée).

QUESTIONNAIRE SUR LA PARTIE ORALE

1. Quelle est l'attitude nocturne des feuilles ?
2. Comment expliquez-vous l'affaissement des feuilles pendant la
journée ?

3. Qu'entendez-vous par *lumière artificielle?*
4. Que signifie le mot *imbriqué?*
5. Quelle est la partie du rameau nommée *coussinet?*
6. Qu'entendez-vous par *foliole médiane?*
7. Comment nomme-t-on la plante dont les deux folioles latérales battent la seconde? Quel autre mouvement opèrent-elles?

EXERCICES

Le maître distribuera aux élèves des spécimens de feuilles composées *imparipennées* et *paripennées.*

La botanographie de ces feuilles exige un peu de soin. La tige principale sera maintenue par le milieu sur le cahier d'étude, et aussi longtemps que durera la pression de la main droite. Sans cette précaution les folioles pourraient bouger et présenter des surfaces doubles ou embrouillées. Lorsque les feuilles s'imbriquent les unes sur les autres de façon à créer des épaisseurs, il est essentiel de supprimer celles d'entre elles qui font double et triple emploi; cependant il est urgent en opérant ainsi de laisser sur la tige quelque trace des feuilles ou des folioles détachées.

SIXIÈME LEÇON

Disposition des feuilles sur la tige.

INSTRUCTION

Nous avons vu quelle est la physionomie des feuilles considérées séparément, qu'elles soient simples, composées, décomposées ou surdécomposées.

Nous avons désigné la distinction qui existe entre les nervures d'une feuille et les dessins produits par le mouvement de la sève dans les cellules des parenchymes; nous savons distinguer et nommer les différentes formes de feuilles, et nous en avons botanographié des exemples.

Ces connaissances élémentaires nous ont fait franchir un premier pas vers cette étude intéressante.

Nous pouvons maintenant nous occuper du rameau ou de

la branche, et, en premier, observer l'ordre déterminé des feuilles sur la tige où elles naissent. Cet ordre est toujours symétrique, lorsqu'aucune cause n'est venue en déranger la disposition naturelle.

Les feuilles sont dites :

Opposées, quand elles sont placées vis-à-vis l'une de l'autre, deux à deux sur le même nœud. Ex. : *syringa, lilas, coleus;*

Alternes, quand elles sont placées en spirale autour de l'axe commun. Ex. : *peuplier;*

Verticillées, quand les feuilles sont rangées en anneaux horizontaux autour de la tige. Ex. : *laurier-rose;*

Distiques, quand les feuilles sont placées sur deux rangs opposés. Ex. : *orme;*

Couronnantes, quand les feuilles forment un bouquet au sommet de la tige. Ex. : *palmier, cocotier;*

Embrassantes, quand la nervure principale des feuilles s'étend transversalement autour de la circonférence de la tige. Ex. : *pavot blanc ;*

Engainantes, quand le bas se prolonge et forme une gaine autour de la tige. Ex. : *buplèvre;*

Connées, quand les feuilles sont soudées par leur base, de manière à simuler un seul limbe traversé par la tige. Ex. : *chèvrefeuille.*

VOCABULAIRE BOTANIQUE

Tous les termes qui précèdent.

PARTIE ORALE : VIE DES VÉGÉTAUX

(Page 83.)

Influence de la lumière sur la végétation. — La lumière est indispensable à toutes les phases de la vie des plantes, sauf à la première, c'est-à-dire à la germination.

Elle augmente l'énergie vitale de tous les organes, sauf la racine : l'élaboration de la sève, le développement des tissus, la floraison des boutons, l'épanouissement régulier de la plupart des fleurs, la maturation des fruits, sont sous sa dépendance ; — mais elle préside davantage encore à la formation et aux fonctions de la chlorophylle. Placé dans l'obscurité, un végétal s'étiole, son feuillage pâlit, la chlorophylle cesse de se former et de fonctionner. Colorations, essences, sucs spéciaux exigent, pour se développer, le concours de la lumière : c'est pourquoi les fruits qui ont mûri dans nos serres sont rarement parfumés. Le lilas devient blanc dans une cave; le jardinier lie certaines salades pour empêcher la formation d'un latex amer. Il est difficile de séparer l'action de la lumière de celle de la chaleur, puisque le soleil les répand toutes deux en même temps : Sous un ciel brumeux, les fruits ne mûrissent pas : c'est ainsi que le myrte et le laurier-rose fleurissent en Angleterre, mais la vigne ne peut s'y acclimater. A titre exceptionnel, quelques parasites, plusieurs champignons peuvent vivre dans l'obscurité : ils sont privés de la fonction chlorophyllienne et de colorations vives. La lumière verte, réfléchie ou tamisée, est peu favorable à la végétation. On choisit pour les serres la couleur bleue. Les rayons violets seraient moins utiles que les rouges; de sorte que l'action lumineuse ne se rattache pas aux radiations chimiques du violet : cependant, la plante placée dans une pièce obscure ne se tourne pas vers une fenêtre aux vitres jaunes, orangées. La lumière électrique accélère la maturité des fruits dans nos serres (fraises électriques).

Chaleur. — Son action est aussi nécessaire que celle de la lumière : davantage encore, comme le prouvent les résultats importants obtenus sous les cloches, et les succès extraordinaires obtenus dans les serres sur tous les points, sauf la saveur de plusieurs de nos fruits estimés. Chaque végétal réclame, pour se développer, un certain nombre de jours de beau temps : en France, il faut six mois pour les céréales, cinq pour les racines, quatre pour le tabac, trois pour le sarrasin, deux et demi pour les prairies. La floraison, la maturation exigent un nombre spécial de degrés : le pommier fleurit à 8° et mûrit à 19°, — pour le blé 16 et 20, — pour la vigne 18 et 23 : on peut évaluer à 2 000 *calories* la chaleur nécessaire pour faire mûrir le blé, à 2 500 le maïs et à 3 000 le raisin. Chaque plante ne peut impunément braver telle température *maximum*, telle autre *minimum* : $+$ 10° pour les orchidées; — 25° pour la vigne; — 40° pour le bouleau-nain; — 50° pour les lichens : il lui faut en outre, disions-nous, telle chaleur pour telle évolution de sa vie.

Il ne fait pas assez chaud en Angleterre pour mûrir le raisin, et, par contre l'hiver étant clément comme dans tout climat insulaire et grâce au *gulf-stream*, le myrte y croît parfaitement. La neige préserve le sol d'un refroidissement trop vif; sans elle les semences et les racines seraient congelées. Quand l'hiver est trop doux, une germination hâtive ne produit rien de bon : les bourgeons s'humectent et les gelées blanches du printemps font éclater les tissus humides pendant les nuits sereines qu'éclaire la « lune rousse. » Pour éviter le refroidissement nocturne par rayonnement, on forme une brume artificielle en faisant brûler de la paille dans les vignes et près des espaliers, et, lorsqu'on le peut, on abrite complètement les végétaux.

QUESTIONNAIRE SUR LA PARTIE ORALE

1. Quelle est la couleur qui, tamisée ou réfléchie, nuit à la végétation?

2. Quels sont les végétaux qui prospèrent dans ces conditions d'obscurité?

3. Combien faut-il de degrés de température pour mûrir la vigne?

4. Combien faut-il de mois de beau temps pour mûrir le tabac? le blé?

5. A quoi sert la durée de la neige sur le sol?

6. Qu'entendez-vous par brume artificielle?

EXERCICES

Les élèves botanographieront des spécimens d'après les exemples cités dans l'Instruction de cette leçon. Ils se serviront pour la première fois des cahiers de collections, qui sont destinés à devenir des herbiers. Toutes les différentes dispositions de feuilles sur la tige énumérées dans la leçon précédente peuvent être étudiées en juin, juillet et août. L'élève n'a qu'à s'attacher aux exemples qui démontrent ce qu'est une feuille *engainante*, *couronnante*, *crénelée*, etc.

Des rameaux de *feuilles opposées* et *alternes* abondent dans les jardins et promenades pendant la saison d'hiver sans parler de la culture dans les serres... Les lauriers, les houx, les fusains sont à la portée de tous pendant la mauvaise saison et fourniront des types de feuillage en cycles, distiques, verticillés, etc., etc.

SEPTIÈME LEÇON

Développement des feuilles.

On distingue les différentes variétés de feuilles qui naissent sur un arbre ou autre végétal, selon la place qu'elles occupent en se développant : ainsi toutes celles qui se trouvent sur la tige ou sur les rameaux s'appellent *caulinaires* et *raméales;* celles qui sortent du collet de la racine, comme dans le panais, sont nommées *feuilles radicales.* On désigne encore sous le nom de *feuilles séminales* celles qui sont formées par l'épanouissement de sacs contenant le végétal en miniature, par exemple celles qui germent d'une graine de *haricot.*

Les feuilles peuvent être unies de plusieurs manières avec la tige ou la branche qui les supporte ; tantôt leur tissu est contenu avec celui de la tige, et alors elles se dessèchent sur le rameau avant de tomber, on les dit alors *persistantes,* car, en effet, elles persistent et restent plusieurs années sur le végétal. Ex. : le *chêne,* les *thuyas,* les *genévriers;* tantôt il y a des interruptions au point de jonction, et dans ce second cas elles sont articulées et on les nomme *caduques,* c'est-à-dire qu'elles tombent de bonne heure, indépendamment de la branche qui les porte. Elles prennent, pendant la nuit, une position différente de celle qu'elles ont eue pendant le jour, phénomène que l'on a désigné sous le nom de *sommeil des plantes,* et que l'on peut observer sur diverses espèces d'*acacia.*

VOCABULAIRE BOTANIQUE

Feuilles caulinaires.	Feuilles séminales.
— raméales.	— persistantes.
— radicales.	— caduques.

PARTIE ORALE : FONCTIONS DES FEUILLES

1° *Respiration*. — 2° *Nutrition*. — 3° *Transpiration*.

Respiration. — Nous savons que la partie supérieure d'une feuille est plus foncée et plus dure que sa partie inférieure. Nous avons à faire remarquer encore que c'est sur la face inférieure que dominent les bouches d'exhalation par lesquelles les feuilles respirent. Ces bouches accompagnées de poils sont nommées *stomates*. Il y a en moyenne neuf mille stomates par centimètre carré. Les poils qui accompagnent ces stomates sont de plusieurs mille : on en a compté jusqu'à un million sur la feuille du *tilleul*. Sur les feuilles flottantes, c'est la face supérieure seule qui possède les stomates.

(Vie des végétaux, p. 35.)

Les végétaux et les animaux ont la même respiration : ils absorbent de l'oxygène et rejettent du gaz carbonique et de l'eau. Chez les plantes, toutes les parties tendres sont le siège de cet échange gazeux : fleurs, fruits, racines, épidermes, *feuilles* ; seulement, pendant le jour, la nutrition chlorophyllienne l'emporte sur la respiration ; elle en masque les effets, car elle lui est absolument opposée ; et c'est seulement la nuit que l'on voit les feuilles et autres régions *vertes* rejeter du gaz carbonique. On bannira donc les végétaux de la chambre à coucher, après avoir recherché dans la journée l'atmosphère salutaire des jardins, squares, parcs, prairies, forêts.

Nutrition. — La feuille a d'autres fonctions essentielles : elle *nourrit* le végétal en formant de l'amidon et du sucre.

Cette nutrition est diurne, car la chlorophylle verte décompose le gaz carbonique de l'atmosphère sous l'influence du soleil. En le réduisant, elle rejette une partie de l'oxygène par les stomates et elle fixe le charbon qui s'unit à l'eau des tissus pour former de l'amidon et du sucre.

L'amidon insoluble se modifie dès le coucher du soleil en glucose soluble qui s'accumule dans le coussinet. Ce sucre attire la sève aqueuse avec une force qui redresse le pétiole en le rendant plus rigide ; il se dissout et descend aux entre-nœuds, de sorte que la feuille s'incline de nouveau. Ainsi la feuille est, pendant le jour, l'organe de nutrition qui complète la fonction des racines ; c'est elle qui fabrique l'amidon et le sucre ; c'est elle qui fournit la majeure partie du carbone. Les autres régions vertes en font autant : jeunes rameaux, pousses nouvelles, couche herbacée de l'écorce, fruits naissants.

Quand la chlorophylle manque, comme chez les champignons et d'autres parasites, le végétal ne produit pas d'amidon. Pour se former et pour fonctionner, les grains de chlorophylle ont besoin de lumière et de fer, sinon dans les deux cas les feuilles pâlissent, la plante s'étiole. La chlorose végétale est produite comme la chlorose animale (du sang) par l'absence de fer : on les combat l'une et l'autre par les ferrugineux.

(Page 36.)

Transpiration. — Les plantes exhalent énormément d'eau, surtout par leurs feuilles et pendant le jour : c'est alors une évaporation physique dont l'appel contribue à l'ascension de la sève.

Cette transpiration équivaut à celle d'une égale surface d'eau. En vingt-quatre heures, la feuille perd son propre poids de ce liquide ; un arbre ordinaire exhale vingt litres ; un hectare de betteraves, vingt-cinq mille litres. Pour trois grammes d'amidon formés par un végétal herbacé, un litre d'eau a traversé la plante. Les vapeurs dégagées par les prairies contribuent à former la rosée, et l'on voit naître les nuages des flancs d'une montagne boisée, après le lever du soleil. La vapeur exhalée *se condense* parfois en perles qu'il ne faut pas confondre avec celles de la rosée : et sur plus d'un végétal les stomates aquifères laissent échapper du liquide. L'eau de transpiration remplit les feuilles contournées de végétaux dont plusieurs sont carnivores : les insectes et autres petites proies sont attirés par le liquide acidulé et sucré qui remplit *l'urne des népenthès et les amphores de la sarracénie.* Dans les régions torrides, les feuilles de quelques plantes sont d'utiles alambics qui offrent aux oiseaux et au voyageur une eau limpide, alors que les racines avaient difficilement puisé un liquide impur. Trois erreurs à éviter : ne pas confondre cette eau de transpiration avec les écoulements de sève, tels que les *pleurs* de la vigne, la *pluie* de certains arbres tropicaux, ni avec l'eau de rosée ou de pluie recueillie dans les godets de la cardère et à la base des pétioles renflés en coupe de plusieurs bananiers de Madagascar surnommés *arbres du voyageur,* ni avec l'eau des nuages condensée par les feuilles et formant une mare au pied de *l'arbre,* comme cela s'est vu pour une espèce de laurier de l'île de Fer que les indigènes nommaient *l'arbre saint,* parce qu'ils lui devaient leur seule eau buvable.

L'absorption. — Les feuilles absorbent l'eau de pluie, de rosée, d'arrosage, surtout quand les racines sont à sec, ou bien très petites comme chez les plantes-grasses. Suivant le pays et la saison, l'absorption d'eau par les feuilles l'emporte sur l'exhalation : en général, il y a équilibre entre les deux phénomènes.

QUESTIONNAIRE SUR LA PARTIE ORALE

1. De quelle façon respirent les feuilles?
2. Est-ce le jour ou la nuit que les feuilles dégagent de l'acide carbonique?
3. Quelle proportion y a-t-il entre le dégagement et la fixation des mêmes gaz?
4. D'où vient la couleur verte des feuilles?
5. Pourquoi y a-t-il des panachures ou parties différemment colorées?
6. Comment se forment l'amidon et le sucre par les feuilles?
7. Les feuilles absorbent-elles plus de liquide qu'elles n'en exhalent?
8. Comment nomme-t-on l'exhalation des plantes?
9. Comment expliquez-vous les causes de l'insalubrité des feuilles dans une chambre à coucher pendant la nuit?

EXERCICES

Le maître distribuera aux élèves des rameaux avec feuilles persistantes qui seront coloriées en bois jauni et à côté un rameau encore vert avec des lacunes sur la tige dont les feuilles caduques seraient tombées. Explication en regard.

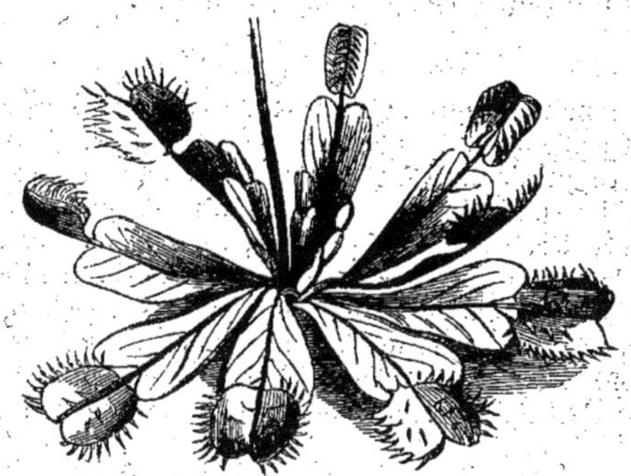

Feuilles carnivores de dionée.

HUITIÈME LEÇON

Les cotylédons.

INSTRUCTION

Nous avons, dans la leçon qui précède, appelé *feuilles séminales* celles qui sont formées par le développement de sacs contenant le végétal en miniature. Les sacs eux-mêmes sont nommés *cotylédons*, désignation qu'il faut fixer dans la mémoire en l'associant, comme point de comparaison, avec le jaune d'œuf. Le cotylédon est rempli de provisions nutritives pour le développement de la petite plante qu'il entoure et à laquelle il adhère.

Jussieu remarqua que la plupart des caractères essentiels du végétal dépendent du nombre de ses cotylédons, deux, un, ou plusieurs, ce qui l'amena à partager les plantes en Dicotylédones, Monocotylédones, Pluricotylédones. Retenez bien qu'*un cotylédon* est un sac nourricier, soudé à la plantule, constituant avec elle l'embryon de la graine; il est parfois secondé dans son rôle par une autre provision qui entoure l'embryon, le *périsperme* que l'on compare au blanc de l'œuf et que l'on surnomme, pour ce motif, *albumen*. Ce sont les deux cotylédons du haricot et de l'amande que nous mangeons; c'est l'albumen du blé qui nous donne le pain.

Quand le haricot germe, la *radicule* s'allonge la première, elle perce l'enveloppe de la graine et s'enfonce dans la terre, puis elle se ramifie pour former la racine de la jeune plante.

En même temps, les petites feuilles qui existent entre les deux cotylédons sortent de terre, portées sur une tige qui fait suite à la racine, et elles deviennent bientôt vertes. Ainsi donc la *radicule,* la tigelle et les feuilles étaient déjà contenues dans la graine. La *germination* consiste dans l'agrandissement de la radicule. Un haricot ramolli dans l'eau et dépouillé de la peau blanche et lisse qui le recouvre nous présente deux corps épais appliqués l'un contre l'autre : ce sont les cotylédons. On appelle *embryon* la réunion des cotylédons, de la radicule et des toutes petites feuilles qui sont attachées à la tigelle.

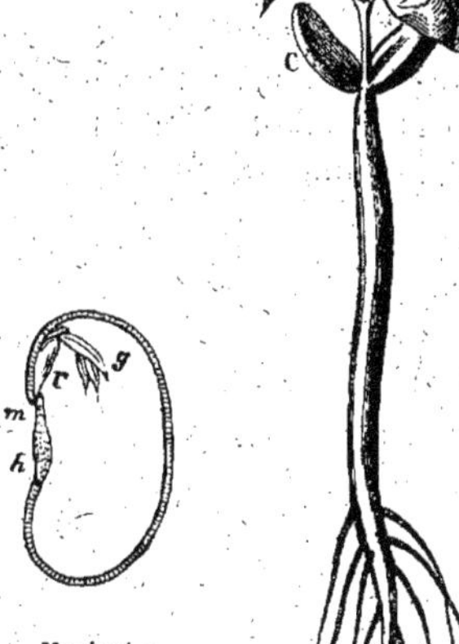

Haricot :
h, hile; *m*, micropole; *r*, tigelle; *g*, gemmule.

Dicotylédonée.

Nous avons insisté sur cette partie de notre instruction, parce que les mots *dicotylédons, monocotylédons* et *pluricotylédons* se trouveront souvent dans les exercices. Si, au lieu d'un haricot, nous ouvrons un grain de blé, nous y trouvons, à côté d'un petit corps jaunâtre qui est l'embryon, une masse blanche et molle : c'est l'albumen.

Un examen des cotylédons du haricot, après, et à la fin de la germination, nous les montrera fanés et ridés ; c'est qu'en effet ils se sont épuisés pour fournir la substance nécessaire à l'accroissement de la racine, de la tige et des premières feuilles. Dans le blé nous voyons le grain également flétri, parce que la farine qui le remplissait a été consommée pour servir à la croissance de la jeune plante.

Il y a cependant une différence qui distingue la graine du blé de celle du haricot : dans le haricot nous avons vu deux cotylédons faisant partie de l'embryon ; le blé n'en possède qu'un, qui est la gaine entourant la base de la

seconde feuille. La première est blanche et transparente,
elle a la forme d'un tuyau qui enveloppe la seconde; celle-ci
ainsi que les suivantes est verte. Cette différence fait donner
le nom de *monocotylédon* au blé et à toutes les plantes qui,
comme lui, n'ont qu'un cotylédon à l'embryon, tandis que
le haricot, comme toutes les plantes qui ont deux cotylédons, est une *dicotylédone*.

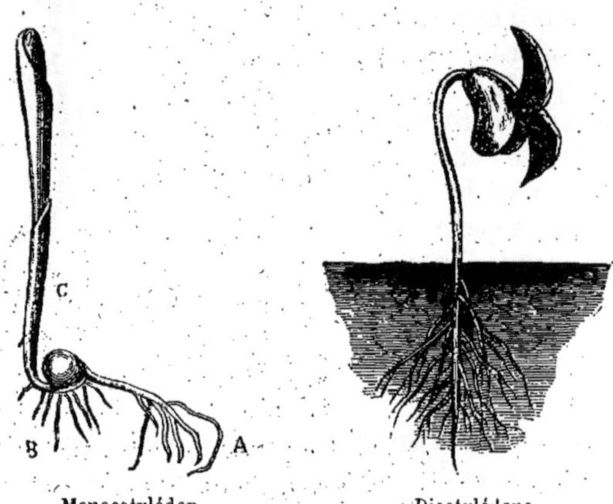

Monocotylédon.   Dicotylédone.

Dans les végétaux dont l'embryon possède deux cotylédons, les feuilles sont à nervures pennées ou palmées. Les
arbres de cette division ont leurs troncs ramifiés en branches,
tels sont le pommier, le poirier, le prunier, l'amandier,
l'olivier, le lilas, l'acacia, le palissandre, l'oranger, le
cotonnier, le quinquina, le laurier, le chêne, le mûrier.

Dans les végétaux dont l'embryon ne porte qu'un coty--
lédon, les feuilles sont à nervures parallèles ou curvilignes,
et les *stipes* sont souvent non ramifiés. Dans cette division
nous avons pour types : le palmier, le bananier, l'ananas, l'igname, le balisier, l'yucca, le lis, la tulipe, l'oignon,
le dragonnier, le muguet, l'asperge, les *céréales*, les *graminées*, l'arum, la sagittaire, l'orchis, la vanille.

(*Planche* 2) Les **NERVURES** des feuilles des **DICOTYLÉDONES** sont pennées ou palmées.

1. **Tilleul** : feuille penninerviée.
2. **Chélidoine** : feuille pennatipartite.
3. **Mauve** : feuille palminerviée.
4. **Houblon** : feuille palmatifide.

(Planche 3)   Les NERVURES des feuilles des MONOCOTYLÉDONES sont parallèles ou courbes.

1. Alpiste : feuille rectinerviée.
2. Jacinthe : feuille rectinerve.

3. Muguet; 4. Arum; 5. Funkie
feuilles curvinerviées.

VOCABULAIRE BOTANIQUE

Cotylédon.	**Albumen.**	**Stipe.**
Plantule.	**Radicule.**	**Céréales.**
Embryon.	**Germination.**	**Graminées.**
Hile.	**Micropole.**	**Coléorhize.**

PARTIE ORALE : ASPECT DES ARBRES A COTYLÉDONS

(Vie des végétaux, p. 26.)

Tandis que l'*arbuste*, ramifié dès sa base, s'allonge peu (noisetier, lilas), l'*arbre dicotylédone* consiste en un tronc conique qui se subdivise en branches et rameaux dont l'ensemble grandit et grossit tout à la fois. Les tiges cylindriques écailleuses ou *stipes des Monocotylédones* tropicales et des *fougères* de la zone torride ne se ramifient pas, ne grossissent guère, mais durcissent sur le pourtour et dressent de plus en plus haut leur couronne de larges palmes : elles sont parfois moins épaisses à leur base, près du sol : il n'y a donc que le bourgeon terminal qui se développe, tandis que chez les Dicotylédones les bourgeons latéraux ou axillaires ramifient le tronc. La disposition des branches de l'arbre donne à chaque espèce un *port* spécial, et la variété de l'ensemble dans nos forêts possède un charme auquel est sensible plus particulièrement le voyageur qui revient d'Afrique ou du Mexique : cette disposition fait trouver le chêne majestueux, le peuplier élancé, le saule pleureur. Chez les *Conifères* l'horizontalité des branches et la persistance des feuilles donnent à ces *arbres verts* un aspect caractéristique : le sapin est conique, le cèdre mystérieux, le cyprès funèbre. Tableaux et gravures vulgarisent de plus en plus les Flores des différents pays : ces palmiers enfoncés dans une dépression sablonneuse, ce sont les dattiers d'une oasis du Sahara : ces palmiers plus sveltes encore, au pied desquels s'élancent de grandes fougères, ce sont les cocotiers d'une île de l'Océanie : ces candélabres de 20 mètres sur un sol calciné sont les cactus-cierges de la Sonora mexicaine : ce paysage d'Australie manque d'ombrage à cause de la verticalité des feuilles de l'eucalyptus et de l'acacia hétérophylle.

Tronc des Dicotylédones. — Les zones concentriques comptées à la base de l'arbre permettent de dire son âge, parce que chacune représente l'accroissement annuel : autant de cercles, autant d'années. Les deux tissus, le cellulaire mou qui domine pendant les premiers temps, et le ligneux dur, qui restreint de plus en plus, et symétriquement, l'espace occupé par l'autre, les deux tissus sont nettement répartis au sein des *deux formations essentielles, le bois et l'écorce, que sépare le cambium générateur*. — Au centre du bois nous voyons 1° la *moelle* cellulaire, de plus en plus serrée, finissant par se dessécher (sureau) ou se détruire complètement, alors qu'au début elle contenait de l'amidon, des cristaux, etc. : On extrait le camphre de la moelle (et des feuilles) du camphrier.

La moelle est entourée par : 2° l'*étui médullaire* que caractérise l'abondance des trachées déroulables ; 3° le *bois*, de tissu ligneux fibro-vasculaire : dans chacune de ses zones annuelles, les vaisseaux spiraux et annelés dominent vers l'intérieur, et les gros tubes rayés et ponctués s'entrelacent, à l'extérieur, avec des fibres en fuseau ou clostres. Primitivement rempli de liquides et de gaz, cet ensemble se dessèche et durcit, parce qu'il s'incruste de sclérogènes et parce qu'il est pressé, de dehors en dedans, par les nouvelles zones du bois. Il en résulte deux régions : au centre le *cœur* ou duramen très dense, homogène, sec, foncé dans le noyer, coloré dans l'acajou, recherché pour l'ébénisterie, les constructions, le chauffage : au pourtour l'*aubier*, tendre, humide, blanc, se prêtant fort bien, et souvent exclusivement, *à l'ascension de la sève*; c'est la partie la plus facile à injecter quand on veut rendre le bois inaltérable avec le vitriol bleu ou avec l'acétate de fer, ce qui rend les bois vulgaires aussi utiles que les espèces tenaces. 4° A travers les zones ligneuses on distingue fréquemment de fines et nombreuses radiations cellulaires, les *rayons médullaires*, dont les premiers relient la moelle à la couche herbacée de l'écorce, et dont les suivants s'éloignent de plus en plus de la moelle, parce qu'ils se forment en même temps que la zone de bois qu'ils font communiquer avec cette région corticale. Les rayons médullaires sont très nets sur le chêne et peu marqués chez le châtaignier. Leur extrémité externe est le siège d'une activité vitale intense; on y constate des dépôts de fécule ou de sucre accumulés par la sève descendante.

Stipes des Monocotylédones. — Ce sont des tiges cylindriques, écailleuses, qui s'allongent de plus en plus sans s'élargir et sans se ramifier. Pas de zones concentriques annuelles, mais entrelacement des deux tissus dans deux régions plus ou moins nettes : 1° Au centre une partie relativement molle, parce que le parenchyme cellulaire initial n'a pas cessé d'y dominer; peu de faisceaux ligneux sont venus s'intercaler. 2° A la périphérie une région tenace qui durcit surtout à la base, parce que les faisceaux fibro-vasculaires, à la fois bois et liber, s'y insinuent de plus en plus. Chaque faisceau part d'une feuille et descend en perdant de ses éléments : il se dirige *d'abord vers le centre*, puis il s'infléchit et redevient externe par rapport aux précédents qu'il traverse et comprime de dehors en dedans : enfin, réduit aux fibres libériennes tenaces, il se perd dans l'écorce mince. Pas de cambium. Le bois du palmier, plus dur à la circonférence, convient spécialement pour tuyaux de conduite. Solidité des rotangs siliceux qui atteignent 400 mètres. La région centrale du sagoutier est une véritable moelle remplie d'une fécule estimée; celle de la canne à sucre est gorgée d'un jus précieux. Lorsque le centre se résorbe, on passe du stipe au *bambou* à nœuds renflés en cloisons solides, contenant des amas siliceux qui font feu au briquet : les Orientaux croient que ces concrétions (tabaschirs) portent bonheur. Léger et tenace, le bambou sert à construire les maisons, les meubles, les échelles, des ustensiles; jeune, il est excellent à manger. Les *chaumes* siliceux ou *pailles* de nos céréales et les *joncs* sont de petits bambous.

QUESTIONNAIRE SUR LA PARTIE ORALE

1. Quelle est dans l'arbre monocotylédon, la partie qui se développe?
2. Nommez quelques arbres monocotylédones.
3. D'où vient que chaque espèce d'arbre a un aspect différent?
4. Qu'entendez-vous par la verticalité et l'horizontalité des branches ?
5. Comment peut-on savoir l'âge d'un arbre ?
6. Qu'est-ce que le *cambium* ?
7. Qu'est-ce que la moelle ?
8. Qu'est-ce que l'aubier?
9. Qu'est-ce que le duramen ?
10. Qu'est-ce que les rayons médullaires?
11. Qu'entendez-vous par *chaume* ?
12. Quelle hauteur peuvent atteindre les rotangs?

EXERCICES

Le maître distribuera à chacun des élèves une graine de haricot :
1º Avant sa germination.
2º Pendant qu'elle germe.

Quelques jours suffisent pour faire germer les graines au point voulu si la température n'est pas trop froide. On les aura placées, quelque temps à l'avance, dans la terre humide, et, suivant les espèces, au bout de peu de temps on verra une jeune plante sortir de la graine et se développer hors de terre. Les gravures qui précèdent fournissent des exemples du travail que doit donner la botanographie des graines, etc.

NEUVIÈME LEÇON

Annexes.

INSTRUCTION

Les feuilles qui avoisinent les fleurs sont nommées *bractées;* elles diffèrent des feuilles ordinaires par la forme et la couleur; lorsqu'elles n'en diffèrent pas, on les nomme *feuilles florales.* Elles sont dures et écailleuses ; la feuille florale protège le bouton placé à son aisselle, et parfois la fleur, le fruit lui-même.

(Vie des végétaux, p. 50.)

Plusieurs bractées s'associant en collerette forment le *calicule* de l'œillet, l'*involucre* de la fraise, la *cupule* qui protège l'ovaire du chêne, l'*induvie* qui enveloppe la noisette et la châtaigne. Les bractées des glumacées leur tiennent lieu d'enveloppes florales : *glumes, glumelles, glumellules* des céréales. Chez beaucoup d'autres monocotylédones, palmier, iris, ail, la bractée se contourne en un cornet parcheminé nommé *spathe :* on cultive l'arum (gouet, pied de veau) pour l'élégance de ce beau cornet sur la blancheur duquel se détache le jaune d'or de la massue qui termine l'inflorescence en spadice. Les bractées écailleuses des Conifères forment le *cône* du pin et le *galbule* du cyprès. On nomme lupulin la poussière jaune, aromatique des bractées (groupées en cône) de la fleur pistillée du houblon. Ce que nous mangeons dans l'artichaut sous le nom de « feuilles, » ce sont les bractées imbriquées.

Bractée florale du tilleul.

Ainsi, les appendices que nous venons de nommer, et qui semblent à première vue tenir autant de la fleur que de la feuille, sont en réalité la *feuille modifiée* ou *métamor-phosée*.

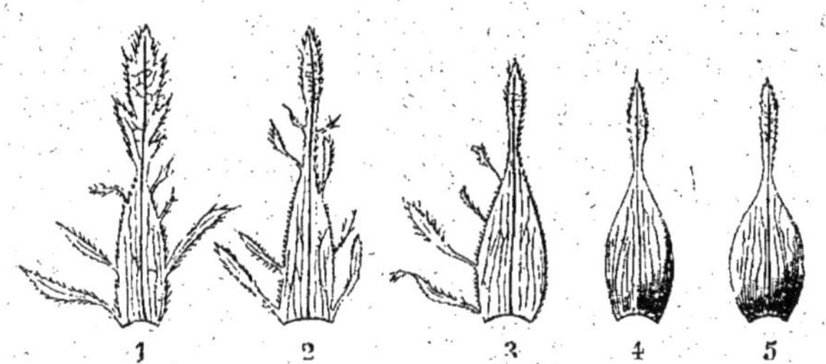

Transformation des feuilles en sépales.

Dans cette catégorie se trouvent encore les *vrilles*, les *phyllodes*, les *écailles*, les *stipules* et les *aiguillons*.

Les *vrilles* sont des appendices rameux qui servent aux plantes comme de mains pour s'accrocher aux corps voisins (vigne vierge).

Le *phyllode* est une feuille comprimée, sorte de pétiole élargi, sans limbe : on l'observe sur la jacinthe, l'aloès, l'eucalyptus où elle se dresse aux deux faces latérales.

Les *écailles* des bourgeons, des bulbes, des plantes grasses sont des feuilles modifiées. Certaines petites écailles représentent les feuilles, mais étant chargées de baies ne sont pas des feuilles, attendu qu'une véritable feuille ne porte jamais de fruits. Ce sont des *rameaux fo-liacés* et florifères; observez-les chez l'asperge où ils sont déliés, et dans le petit houx où ils sont épais.

Les *stipules* sont encore des appendices foliacés, attachés à chaque côté de la base du pétiole; ils offrent dans leur structure et leur forme les mêmes caractères que des feuilles. Ils se rencontrent souvent chez les dicotylédons à feuilles alternes; ils sont très importants, lorsque la feuille se convertit en vrille. Dans la garance, les quatre stipules sont aussi grandes et crochues que les deux feuilles opposées.

Les *épines* sont des parties aiguës, solides, raides qui,

après avoir tiré leur substance du bois, traversent l'écorce, comme dans l'aubépine.

Les *aiguillons* diffèrent des épines en ce qu'ils ne tiennent pas à la tige, mais naissent sur l'épiderme dont on peut les enlever avec facilité. Ex. : dans le *rosier*.

Asperge.   Feuille de la gesse.

VOCABULAIRE BOTANIQUE

Bractée.   Spathe.   Phyllode.
Involucre.   Spadice.   Stipule.
Cupule.   Cône.   Aiguillon.
Induvie.   Galbule.   Calicule.
Glumes.   Vrille.   Sépale.

PARTIE ORALE : MÉTAMORPHOSES DE LA FEUILLE

(Page 43.)

On peut considérer de nombreux organes végétaux comme représentant des feuilles modifiées. S'il s'agit d'organes importants comme le sont les diverses parties de la fleur, la métamorphose est dite *ascendante* : et s'il s'agit d'organes secondaires, comme les vrilles et les bractées, elle est dite *descendante*. Cette théorie fut appuyée par l'illustre Gœthe : nous verrons plus tard les métamorphoses ascendantes de la feuille en bractées, sépales, pétales, étamines, carpelles, modifications progressives dont on saisit la succession chez le nénuphar : examinons ses *métamorphoses descendantes* en épines, vrilles, phyllodes, écailles, etc. Dans le chardon et le houx le prolongement de la nervure médiane forme une *épine*, et dans l'épinevinette c'est la feuille entière qui devient épineuse. Les *vrilles*, si utiles aux plantes volubiles, proviennent de la modification de feuilles soit simples (bryone) soit composées (pois), ou de la transformation de rameaux (vigne vierge). Le *phyllode* est une feuille comprimée, dressée aux deux faces latérales; sorte de pétiole élargi, sans limbe : on l'observe sur la jacinthe, l'aloès, l'eucalyptus, les feuilles submergées, et surtout chez l'acacia hétérophylle d'Australie qui montre tous les intermédiaires entre la feuille normale et le phyllode vertical sans ombrage. Les *écailles* des bourgeons, des bulbes, des plantes grasses sont des feuilles modifiées. Certains *rameaux foliacés* et florifères, les *cladodes*, épais dans le petit houx, déliés chez l'asperge, ressemblent à des feuilles ; mais ils portent de petites écailles qui représentent précisément les feuilles, et ils sont chargés de baies rouges, alors qu'une véritable feuille ne porte jamais de fruits. Les *stipules* se rencontrent souvent chez les dicotylédones à feuilles alternes, rarement sur les monopétales aux feuilles opposées : elles sont très importantes lorsque la feuille se convertit en vrille ; leur soudure forme l'*ochrea* du sarrasin et le cornet protecteur du figuier élastique. Dans la garance, les quatre stipules sont aussi grandes et crochues que les deux feuilles opposées, ce qui constitue un verticille de six lames foliaires. Les stipules se modifient encore en vrilles ; celles du câprier et du robinier en épines ; celles des céréales en *ligules*.

QUESTIONNAIRE SUR LA PARTIE ORALE

1. Nommez une feuille dont la nervure principale se métamorphose en épine ?

2. Désignez les noms particuliers pour décrire d'une façon générale tout support d'un fruit ou d'une feuille ?

3. Que signifie *métamorphose ascendante* et, dans le sens opposé, *métamorphose descendante* ?

4. Quelles sont les métamorphoses ascendantes de la feuille ?
5. Quelles en sont les métamorphoses descendantes ?
6. Qu'entend-on par *plante volubile* ?
7. Citez comme exemple une feuille phyllode.
8. De quelle façon se métamorphose la feuille du chardon et du houx ?

EXERCICES

Le maître distribuera à chaque élève, selon la saison, des feuilles transformées, des involucres de fruits ou de fleurs, des enveloppes florales de glumacées, de bractées, de plantes de serre, des strobiles de conifères et, en été, des appendices de céréales et de légumineuses cultivées dans les prairies. Lorsque la structure des différentes parties présentera quelque difficulté pour la reproduction en entier, le jeune botaniste opérera par sections.

Le texte en regard doit expliquer de quelle façon les métamorphoses se produisent.

DIXIÈME LEÇON

Assimilation. Sécrétion. Utilités.

INSTRUCTION

On appelle assimilation l'incorporation dans toutes les parties d'un végétal de fluides qui ont pour objet d'en entretenir les organes et d'en augmenter les dimensions.

C'est au printemps que ce travail s'exécute le plus vigoureusement. Il y a repos complet pendant l'hiver pour les végétaux de nos climats. Au moment de ce travail d'assimilation, il se sépare du suc nourricier certaines matières qui forment des produits désignés sous le nom de *sécrétions*. Ces matières étant rejetées au dehors sont tantôt épaisses telles que les gommes, tantôt fluides telles que les huiles qui produisent les odeurs des plantes. Parmi les sécrétions il faut nommer les résines, la cire, le caoutchouc, la manne, les gommes, et la poussière grisâtre dont sont revêtues les surfaces des tiges, des feuilles et des fruits de certaines plantes. On appelle canaux résinifères ceux qui sécrètent des essences et des résines aromatiques telles que :

L'anis des Vosges, le cumin, le carvi, le coriandre, l'aneth. Les feuilles sont criblées de glandes odorantes, aromatiques dans les espèces condimentaires, fétides chez les plantes vénéneuses. Ces feuilles sont alternes, finement découpées, très engainantes. La tige est herbacée, cannelée, fistuleuse ou contenant une moelle abondante : on confit celle de l'angélique. Celles du genre *férule* sécrètent des gommes-résines médicinales, opoponax, suave, assa fœtida, repoussante, galbanum, gomme-ammoniaque : la sécrétion du thapsia sert pour emplâtres irritants, rubéfiants.

Parmi les quarante genres indigènes nous citerons : la *carotte*, aux racines pivotantes riches en sucre et en pectine, aux larges ombelles blanches à centre pourpré, aux feuilles découpées comme celles du fumeterre ; le *panais* et l'*aneth* aux fleurs jaunes ; la *berce-héraclée* dont la tige est comestible ; nos assaisonnements agréables, le *cerfeuil*, le *persil*, le *fenouil*, le *céleri* ou *ache* dont on mange les pétioles, les côtes, la racine ; la *livéche* et la *berle* aux racines apéritives ; le *perce-pierre* ou *crithme* marine, dont les feuilles vinaigrées sont condimentaires. Un groupe de plantes âcres, jadis fort employées en médecine, *panicaut*, *sanicle*, *écuelle d'eau*, *buplèvre*, *ammi*, *phellandre*, nous conduit aux *vénéneuses* que leur odeur vireuse, leur tige piquetée de rouge, leurs feuilles parfois maculées, empêchent de confondre avec le persil et le cerfeuil : petite ciguë ou *œthuse*, *cicutaire* aquatique ou ciguë vireuse, *grande ciguë* de Socrate (à conicine), *œnanthes*, *anthrisque* ou persil d'âne. Parmi les plus ornementales, le coriandre étoilé, les laser, et le *panicaut des Alpes* qui ressemble à un magnifique chardon bleu.

(Ombellifères, p. 15.)

Parmi les feuilles parfumées servant de condiments et de remèdes, étudiez celles du cassis, de la mélisse, de la sauge, du thym, du romarin, du basilic, des menthes, de la verveine-citronelle, du laurier, de l'eucalyptus, de la lavande, du patchouli, etc. Parmi les feuilles utiles pour les arts, citons celles de l'indigotier, du pastel et d'un polygonum : gaude, sumac, thalles de l'orseille, de la parelle, et autres lichens.

Parmi les feuilles de diverses utilités nous avons le tabac, les thalles des fucus ou varechs contenant de la soude, de l'iode et du brome. Cire parfumée des feuilles du palmier américain carnahuba. Nos flores françaises sont remplies d'espèces *officinales* tombées quelque peu en désuétude. L'abondance des plantes utiles dans certaines régions tropicales contribue à expliquer que leurs habitants ne soient pas industrieux parce qu'ils n'avaient pas intérêt à le devenir.

Parmi les feuilles comestibles, nous mangeons comme légumes et en salade : le chou, le céleri, le raifort, le persil, le cerfeuil, la laitue, les chicorées, l'estragon, la mâche ou doucette, les épinards, l'oseille, la carde, la poirée, le pourpier, etc., etc.

Nous utilisons pour infusions calmantes ou sudorifiques : tantôt la feuille, tantôt la fleur de la camomille, l'arnica, le sureau, la bourrache, le pulmonaire, la citronelle, la violette, l'*oranger*, le tilleul, la mauve, le pavot, le coquelicot. Les stigmates jaunes du safran sont employés pour condiment avec le poisson et le riz ou pour couleur tinctoriale. On utilise le bouton du giroflier des Moluques sous le nom de clou de girofle. La parfumerie distille les essences de rose-musquée, de jasmin ; la teinturerie emploie la couleur rouge du carthame et la fleur (balloste) de la grenade.

VOCABULAIRE BOTANIQUE

CONDIMENTS

L'élève cherchera dans la table des propriétés des plantes celles des végétaux suivants :

Basilic.	**Arnica.**	**Bourrache.**
Laurier.	**Mélisse.**	**Raifort.**
Eucalyptus.	**Palmier.**	**Mauve.**
Pavot.	**Sureau.**	

PARTIE ORALE : LES COLORATIONS

(*Vie des végétaux*, p. 55.)

L'influence du soleil sur la coloration est des plus manifestes : les fleurs tropicales et celles des montagnes brillent du plus vif éclat ; celles des régions boréales et des lieux sombres sont très pâles : on blanchit le lilas dans l'obscurité d'une cave.

Les colorations des végétaux ont été rattachées à deux types dont chacun est spécial à certaines familles : le *jaune* et ses dérivés, *orangé, vermillon*, formant la *série xantique* ; le *bleu* et ses dérivés, *violet, carmin*, formant la *série cyanique*. Ces deux séries tendent vers des couleurs rouges très dissemblables : l'association du jaune et du bleu forme le *vert* ; c'est ainsi que le principe vert de la chlorophylle est une association de phylloxanthine et de phyllocyanine.

La phylloxanthine persisterait seule en automne, de sorte
que la feuille commence par jaunir, avant de devenir rouge
et brune, sous l'action de certains pigments et de nombreuses moisissures. Les panachures blanches proviennent
de l'absence de la chlorophylle.

Une même plante offre des couleurs variées, mais appartenant à
l'une des deux séries : ainsi la capucine, le bugrane sont jaunes
orangé, vermillon ; — le mouron est rouge ou bleu ; — les pois de
senteur, lupins, liserons sont · bleus, violets, carmin, blancs (la
plupart des teintes, et surtout le rouge, passent aisément au blanc);
les roses et les tulipes offrent toutes les nuances imaginables de la
série jaune, mais ne sont jamais bleues. Par exception à cette loi,
les jacinthes, les laitues, le myosotis sont bleus ou jaunes ; les pen-
sées présentent toutes les couleurs. On nomme *diversicolores* les fleurs
qui changent peu à peu de coloration : une giroflée blanche et la
victoria deviennent jaunes, rouges, violettes ; plusieurs borraginées,
myosotis, pulmonaire, buglosse, passent du rouge au bleu ; la fleur
de l'hortensia varie du vert au rose et au blanc, pour redevenir
rose et verte. Plus curieux encore sont les changements qui s'effectuent
dans la même journée : un hibiscus est blanc le matin, rose à
midi, rouge le soir ; un glaïeul *repasse du brun au bleu plusieurs
jours de suite*. Le *blanc* pur provient de l'air interposé dans les tissus
lacunaires : le noir et le gris ne se rencontrent jamais.

Les algues sont des plantes aquatiques, flottantes ou
submergées, le plasma qui les constitue est diversement
coloré par une association de chlorophylle avec trois *pigments,* le bleu, le jaune et le rouge ; la plupart des algues
vertes sont flottantes, les *brunes* descendent jusqu'à deux
cent cinquante mètres, les *rouges* se fixent aux rochers.
La nutrition chlorophyllienne engendre une sorte de *dextrine* qui se convertit en gommes, sucres, gelées, ce qui
rend les algues comestibles.

Des causes assez singulières occasionnent quelquefois
des taches sur certaines feuilles ; par exemple, lorsque le
laboureur aura oublié d'arracher une épine-vinette au voisinage de son champ, vous observerez quelquefois sur les
feuilles des taches rouges en dessus et jaunes en dessous.
Leurs spores vont germer sur les *céréales* où elles consti-

tuent les taches de la rouille. La rouille du poirier est transmise également par le génévrier-sabine.

QUESTIONNAIRE SUR LA PARTIE ORALE

1. Qu'entendez-vous par série xantique ? par série cyanique ?
2. Comment est formé le principe *vert* ?
3. Que signifie le mot *pigment* ?
4. Dans quelle série de couleurs se trouvent le carmin, le bleu, le vermillon ?
5. Comment nomme-t-on les fleurs qui changent d'une couleur à l'autre ?
6. D'où vient le blanc pur ?
7. Comment les algues deviennent-elles comestibles ?
8. A quelle profondeur dans l'eau trouve-t-on des algues ?
9. Les feuilles des plantes aquatiques varient de formes sur un même pied et le plasma qui recouvre ces plantes est également coloré diversement ; de quelle façon ces colorations se produisent-elles ?

EXERCICES

Le maître distribuera à chaque élève des spécimens de feuilles citées dans les parties instructives et orales de la leçon précédente. Le cerfeuil, le persil, le céleri, la carotte et autres offriront des délassements pour l'hiver. Les élèves pourront aussi s'attacher à varier les colorations de façon à démontrer les différences qui existent dans la nature avec et sans union des deux séries xantique et cyanique. En toutes saisons les feuilles d'ornement servent de modèles de panachures, et d'épidermes variés. Le texte en regard sera développé par des recherches faites dans les livres, dictionnaires ou encyclopédies, que chacun pourra feuilleter dans le but de faire une rédaction soignée et instructive.

ONZIÈME LEÇON

Avis aux élèves.

De même que le touriste poudreux et fatigué s'assied pendant une montée pour reprendre le souffle et qu'en se retournant il mesure de l'œil le chemin parcouru, nos jeunes botanistes sont invités à s'arrêter un moment pour repasser les dix leçons que nous leur avons dédiées. Nous allons visiter les prairies, mais avant de continuer, que le futur élève de botanique en cours supérieur ne se lasse pas de collectionner les spécimens indiqués dans les leçons précédentes. Ses futurs travaux seront facilités par un délassement aussi édifiant que consciencieux. Le goût de la recherche se raffermira et le goût artistique viendra y ajouter le charme.

Nous avons souvent appuyé sur l'importance du texte en regard de chaque spécimen ; il pourra être très abrégé ou très détaillé, selon les loisirs et les capacités de chaque collectionneur. .

La description suivante serait la plus abrégée possible. Prenons, par exemple, le texte explicatif d'une feuille de tabac.

Le tabac.

« Ce végétal est originaire d'Amérique, il fut importé en Europe par les Portugais. Ses feuilles sont longues et larges; elles ont une odeur désagréable et âcre quand elles sont fraîches ; mais cette odeur se modifie après un commencement de fermentation. On les coupe alors en petits fragments, ou bien on les réduit en poudre, pour en faire du tabac à fumer ou à priser. »

Il est évident que cette description ne dit pas la moitié de ce qu'il y aurait à développer sur ce végétal, ni de son importance comme article de consommation, ni du chiffre qu'a atteint depuis un certain nombre d'années son importation, ni de sa culture en Europe, ni des pays qui en produisent le plus, détails qui pourtant seraient d'une grande importance pour le commerçant. La fabrication des cigarettes serait à elle seule le sujet d'une rédaction intéressante, et celle du tabac à priser donnerait une idée de l'immense consommation faite de ce produit, rien que pour l'agrément procuré aux organes nasaux de nos populations. Tous ces détails seraient, assurément, fournis par le jeune botaniste, et quand même il ne les fournirait pas, faute de loisir ou d'occasion, son cahier bien tenu avec ses pages bien nettes et une courte explication du spécimen en regard parleront assez de son amour de la nature et du travail.

DOUZIÈME LEÇON

Les graminées.

INSTRUCTION

On appelle *prairies naturelles* celles dont la culture consiste en graminées de foin, et *prairies artificielles* celles qui servent pour la culture des légumineuses : trèfle, luzerne, sainfoin, lupin, etc.

Les plantes appelées graminées offrent un intérêt tout particulier :

1° Elles ont une physionomie qui les distingue de toutes les autres ;

2° Elles fournissent les céréales à l'homme, le pâturage aux troupeaux, et abondent dans presque toutes les contrées.

C'est surtout pour son grain que nous cultivons le blé. La tige est un chaume creux dans toute la longueur des entre-nœuds. La tige est fistuleuse (chaume ou paille), imprégnée de silice.

Les feuilles sont alternes, distiques, et ont une gaine enroulée autour de la tige, le limbe est triangulaire, allongé, parcouru par des nervures parallèles. Au mois de juin, les épis se montrent au sommet des tiges.

On nomme *épillets* de petites fleurs groupées sur des entailles que porte le sommet de la tige ; elles sont disposées de droite à gauche de l'axe. Chaque épillet porte à sa base deux écailles vertes que l'on nomme *glumes*. Chaque épillet est formé par le groupement de plusieurs fleurs et protégé par un involucre de *deux* glumes.

Il est rare que toutes les fleurs d'un épillet soient complètes et fertiles ; quelques-unes avortent ou sont très incomplètes.

La graine de blé se compose d'une enveloppe rousse, qui, malgré sa grande minceur, représente à la fois l'enveloppe du fruit et celle de la graine ; à l'intérieur on trouve une masse blanche facile à réduire en poudre qui est l'*albumen*. L'albumen nous donne le pain, le sucre de fécule ou *glucose*, la bière, l'alcool de grains.

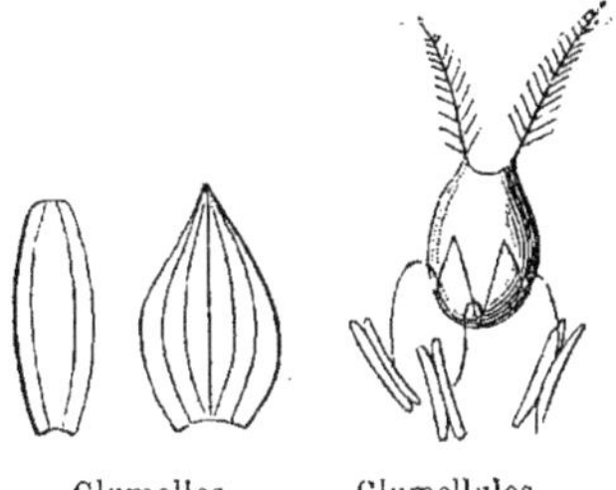

Fleur du blé.

L'embryon est un petit corps jaunâtre que l'on aperçoit à la base du grain sur le côté convexe. L'albumen fournit à cet embryon la nourriture nécessaire.

On fauche le blé, en le coupant au ras du sol. On réunit en gerbes les tiges ainsi coupées. Si l'humidité les atteignait, les grains perdraient toute leur valeur.

Pour extraire les grains de blé des *balles* où ils sont restés renfermés, on procède au battage ; les enveloppes de paille légère se brisent, et les grains, étant plus lourds, s'en séparent facilement. Il suffit d'exposer le tout à un courant d'air. Les grains de blé, écrasés entre les meules d'un moulin, fournissent une poudre fine mélangée de petites écailles jaunes. Cette poudre est la *farine*, les enveloppes sont le *son* qu'on élimine par la mouture et le blutage. On agite le tout sur de fins tamis de soie, la farine blanche passe à travers les mailles, le son reste.

La farine se compose de deux parties que l'on peut facilement séparer. On pétrit, sous un filet d'eau, une boule de pâte faite avec de la farine mêlée d'eau. L'eau entraîne une substance blanche qui est l'*amidon*, et il reste entre les doigts une substance grise qui est le *gluten*. L'amidon a besoin de repos pour se déposer au fond du vase où il a été recueilli. Dans le gluten et dans l'amidon il y a du charbon et de l'eau; mais dans le gluten il y a, en plus, de l'*azote*, presque autant que dans la viande, et c'est pour cela que le blé possède ses qualités nutritives.

Au point de vue utilitaire, ce sont les graminées qui mériteraient d'occuper le premier rang dans le royaume de Flore.

Nous n'avons pas à nous occuper ici des difficultés de leur classification. Linné, en comparant les végétaux aux différentes classes qui composent notre société, désignait les graminées sous le nom de *plébéiens*, et les palmiers sous le nom de *princes*. Nous indiquerons donc parmi les plébéiens de la végétation les espèces qui servent à la nourriture de l'homme : ce sont les céréales. Toutes les céréales, le sarrasin excepté, sont des graminées.

(Vie des végétaux, p. 133.)

Parmi les *céréales* nous étudierons : 1° Le *blé* ou *froment* : ses épillets sessiles, formés de trois à cinq fleurs, s'insèrent isolément sur les dents de l'axe d'un épi qui n'est pas articulé avec la tige. Le *blé ordinaire*, tendre ou demi-dur, soit d'automne, soit de printemps, offre de nombreuses variétés : *non barbu* (Odessa, Hongrie); *barbu* (Toscane, *Victoria*); *poulard* à pailles pleines (rouge; bleu; de Smyrne); *blé de Pologne*. Les *blés durs*, riches en gluten, règnent au nord de l'Afrique et en Sicile. On obtient dans les terrains médiocres l'*épeautre,* ou *blé velu,* chez lequel les glumellules adhèrent au grain, comme pour l'orge. 2° *Orge* : ses épillets, groupés trois à trois, sont protégés par un involucre régulier de six glumes : chacun renferme deux fleurs, dont une seule est fertile. Nombreuses utilités : amidon, diastase, dextrine, glucose, *bière,* alcool : on préfère pour la bière une variété chez laquelle les *six rangs* formés par les épillets sont également saillants. La farine d'orge donne un pain assez lourd, mais l'*orge mondé, perlé,* est rafraîchissant. 3° *Seigle* : à l'extrémité d'un pédicule allongé, l'épillet est formé de trois fleurs dont une rudimentaire, en pédicelle. La farine produit un pain foncé, indigeste : associée au miel, elle forme le *pain d'épices*. La paille convient pour chapeaux et tapis. Dans les pays montagneux on cultive le mélange de seigle et de blé nommé *méteil*. 4° *Avoine* : grands épillets groupés en panicule élancée : ils logent deux ou trois fleurs dont la glumelle inférieure est parfois velue, toujours bidentée et pointue. Les grains conviennent aux chevaux et à la volaille : dans

le Nord, on en fait un pain noir, visqueux, très lourd. Le *gruau*
d'avoine concassée sert pour tisanes émollientes : cuit dans le lait,
il constitue un bon aliment. A côté des variétés cultivées, on cite
l'avoine des prés, *l'avoine folle*. 5° Le *millet* sert pour la basse-cour
et les prisonniers des volières : il entre pour la majeure partie dans
l'alimentation des nègres d'Afrique avec le sorgho ; on place dans
un sixième genre le *millet à grappes* dont l'involucre est soyeux, et
le grain alimentaire : l'homme se nourrit aussi des *éragrostides et
penicillaires* tropicales. 6° *Maïs*, surnommé blé de Turquie, quoi-
qu'il vienne d'Amérique : belle plante de 2 mètres. Chaque fleur
pistillée ne contient qu'un ovaire, surmonté d'un très long style,
poilu, légèrement bifide : elles sont associées en épi, sur dix à douze
séries, et forment le curieux assemblage de grains que l'on utilise
pour l'engraissement des volailles et, dans plusieurs pays, pour
l'alimentation de l'homme. Le maïs, l'orge, les panics, coupés en
herbe, constituent d'excellents fourrages. 7° *Riz :* c'est la nourriture
principale en Chine, en Inde et au nord de l'Afrique. On a essayé
d'introduire sa culture en Auvergne, mais les rizières exigent beaucoup d'eau et sont insalubres. Faute de gluten, le riz est léger, peu
nutritif, impropre à faire du pain. A côté de lui on place la léersie
et *l'alpiste* dont les grains plaisent aux oiseaux.

VOCABULAIRE BOTANIQUE

Fistuleux.	**Glucose.**	**Axillaire.**
Chaume.	**Balles d'avoine.**	**Pédicule.**
Epillets.	**Gluten.**	**Ovaire.**
Glume.	**Panicule.**	

PARTIE ORALE : LA PRAIRIE

Les plantes qui composent la prairie proprement dite sont essentiellement *herbacées*, c'est-à-dire que leur tige reste molle et verte
pendant toute leur végétation : celles que nous avons examinées
jusqu'ici étaient toutes pourvues d'une tige dure et *ligneuse*. La
taille des plantes herbacées est bien plus petite ; mais elles exigent
néanmoins des sols riches et largement arrosés sans cependant offrir
l'eau stagnante des endroits marécageux.

L'agriculteur tient compte du sous-sol, surtout en ce qui concerne
l'écoulement de l'eau.

                                        (*Vie des végétaux*, p. 77.)

Un sous-sol imperméable et incliné convient dans les régions
sèches ; un sous-sol argileux horizontal est nuisible dans les contrées

humides et nécessite un intelligent *drainage*, c'est-à-dire l'écoulement des eaux dans un assemblage de drains ou tuyaux souterrains. Au contraire, les sols desséchés réclament des *irrigations* régulières et, par suite, le voisinage d'une rivière ou d'un canal, la création de barrages, etc. Pour emmagasiner le liquide bienfaisant et le restituer ensuite peu à peu, rien ne vaut l'humus, et c'est une des raisons qui commandent de reformer celui d'un champ labouré par une mise momentanée en prairie, ce qui n'est possible loin des cours d'eau que lorsqu'il pleut souvent. Les arbres des forêts attirent l'humidité et produisent les pluies; ils conservent l'eau directement par leurs racines, indirectement par leur humus : donc le déboisement dessèche une contrée, empêche l'assolement en prairie, supprime l'humus et l'eau. Ainsi s'explique la stérilité croissante de pays jadis célèbres par leur fécondité (la Sicile, la côte algérienne) : on les sauvera de la ruine en les reboisant et en accumulant les barrages.

La profondeur moyenne de la terre arable est 30 centimètres : le sol est profond s'il a 40 centimètres, et superficiel s'il n'en a que 15. On mesure exactement cette profondeur, parce que la racine de chaque plante atteint des dimensions assez constantes : 10 centimètres pour les céréales et le lin; le double pour les pois, lentilles, pavots, le tabac; le triple pour les pommes de terre, raves et radis, haricots; le quadruple, 40 centimètres, pour les trèfles, luzernes, betteraves. Plusieurs assolements simultanés ou successifs en tiennent compte afin de tirer tout le parti possible de l'épaisseur d'un terrain cultivable.

Amendements. — Amender un terrain, c'est le compléter, c'est lui donner les éléments qui lui manquent. Donc à une terre argileuse on ajoute un mélange de sable et de calcaire; on amende un sol sableux en lui ajoutant un mélange de calcaire et d'argile et, par suite, de la marne.

Préparation du sol. — Pour aérer la terre et la rendre perméable, on a recours, en grand, à la charrue et à la herse, — en petit, à la bêche et au râteau. Dans un sol léger le sillon ne sera pas profond, tandis que le soc de la charrue pénétrera à 35 et 40 centimètres dans une terre forte. On laboure d'abord à l'automne; on laisse les mottes s'émietter en hiver par la congélation de l'eau interposée; puis un second labour au printemps est suivi du hersage : pour 10 hectares de bon terrain un cheval ou deux bœufs suffisent.

Les quatre éléments fondamentaux d'un sol complet, modérément compact, sont 32 pour 100 de calcaire ou carbonate de chaux, 32 de sable ou silice, 32 d'argile ou terre glaise (silicate d'alumine), et 4 pour 100 d'*humus* ou *terreau* formé par les détritus de la végétation, précieux réservoir de l'eau, source importante d'azote.

Un sol qui contient 32 pour 100 des trois premiers éléments, calcaire, sable, argile, est dit *complet* et convient à toutes les cultures. Sinon, si l'un des principes est en excès, ce sol est dit *calcaire, siliceux, argileux*, *humifère*; et, si deux principes prédominent, il est dit *argilo-siliceux*, *argilo-calcaire* ou *marneux*. De pareils terrains *incomplets* ne conviennent qu'à des cultures spéciales : ainsi les champs calcaires plaisent au sainfoin dans les régions sèches ; le sol argileux convient au trèfle, au colza, à l'orge.

Presque toutes les plantes à fourrages font partie des graminées, sans omettre :

1° La *canne à sucre*, dont la tige, haute de 2 à 4 mètres, porte de longues et larges feuilles ; c'est de son chaume que l'on extrait une grande partie du sucre consommé en Europe.

2° Le *roseau*, dont les chaumes droits, hauts de 1 à 2 mètres, sont garnis de feuilles en rubans. On s'en sert dans la vannerie et pour couvrir les cabanes.

3° Les *bambous*. — Les plus jeunes servent à faire les cannes. Les indigènes des contrées équatoriales en mangent le stipe comme nous mangeons les asperges.

QUESTIONNAIRE SUR LA PARTIE ORALE

1. Qu'entendez-vous par drainage ?
2. Que signifie *amender* un terrain ?
3. Comment se forme l'humus ou le terreau ?
4. Que fait-on pour aérer le sol d'une prairie ?
5. Quels sont les éléments fondamentaux d'un sol complet ?
6. Quelle est l'association de terres qui convient le mieux aux diverses cultures ?
7. A quelle profondeur descendent les racines des céréales, du haricot ?
8. Que signifie cette expression : *rendre la terre perméable*, et comment opère-t-on ?
9. Que signifie *hersage* ?
10. Quelle a été en certains pays la conséquence du déboisement ?

EXERCICES

Le maître distribuera aux élèves différents chaumes des céréales; des groupes d'épillets, des épis mûrs ou des grains de blé; des glumes, les clochettes de l'avoine, des *balles* supérieures et inférieures, des panicules. Le texte aura pour sujet des développements sur les blés de froment, le seigle, l'orge, la farine, le millet, le riz, le maïs, l'avoine et indications de leur origine, de leur fabrication, etc.

Panicule.

INSECTES NUISIBLES

(*Vie des végétaux*, p. 82.)

	AUX MOISSONS	AUX LÉGUMINEUSES ET-AUX POTAGERS	A LA VIGNE	AUX VERGERS	AUX FORÊTS	A L'OLIVIER	AUX BETTERAVÉS	AUX FLEURS
1 COLÉOPTÈRES	Hanneton (ver blanc) Zabre Taupin Charançons : Calandre Aiguillonnier	Les précédents Bruche des légumes Apion du trèfle Négril ou babotte Casside (artichaut)	Rhynchite Eumolpe Altise	Les précédents Lisette Saperde Anthonome Hylurgue	Scolyte Cerf-volant Bostriche Capricorne Chrysomèle	Hylœsine Phlœtribe	Casside Altise Sylphe	Criocère Cétoine
2 LÉPIDOPTÈRES CHENILLES PAPILLONS	Noctuelle Alucite Teigne Pyrale du maïs	Bombyx (trèfle) Piéride du chou Hépiale du houblon Machaon (carottes)	Pyrale	Les précédents Grand paon Phalène Bombyx	Bombyx Gâte-bois Coquette		Noctuelle	Chenilles
3 HÉMIPTÈRES	Thrips	Pucerons Punaises Pentatôme	Phylloxera	Pucerons Psylle	Kermès Psylle	Kermès	Blatte	Pucerons Thrips Tigre
4 DIPTÈRES MOUCHES	Cécydomie Chlorops Oscine	Tipules		Larves-vers des fruits	Dacus	Dacus		
5 ORTHOPTÈRES	Criquet pèlerin Criquet migrateur	Courtilière ou Taupe-grillon	Porte-scelle	Forficule ou Perce-oreilles				Forficule
6 HYMÉNOPTÈRES	Cèphe	Tenthrède		Frelon Guêpe			Fourmis	Tenthrède Hylothome

TREIZIÈME LEÇON

Les prairies artificielles.

INSTRUCTION

Les prairies artificielles sont presque toujours composées d'une seule espèce de plantes de la famille des *légumineuses*, c'est-à-dire de trèfle, de sainfoin, de luzerne ou de lupuline.

Au lieu d'épuiser le sol comme les céréales, ces plantes à racines charnues l'améliorent en allant chercher leur nourriture à des profondeurs inusitées aux autres végétaux, tandis qu'elles restituent à la surface, par leurs détritus, les principes fertilisants dont les cultures précédentes l'avaient dépouillé.

Les prairies artificielles sont temporaires par leur destination, l'expérience ayant démontré que les espèces fertilisantes doivent alterner avec les espèces épuisantes.

L'art que possède un cultivateur en cette matière, celle de connaître la nature du sol qu'il doit exploiter, est d'une haute importance. Non moins important est celui de déterminer le genre de culture qu'il convient de faire succéder à une autre.

C'est par *assolements* que la force productrice d'une terre lui est conservée. Il y a donc un ordre à observer dans la succession des récoltes, afin d'obtenir de la terre la plus forte somme possible de produits utiles. Le meilleur assolement est celui qui, sans fatiguer le sol, place chaque plante cultivée dans les conditions les plus favorables pour produire tout ce qu'on en peut attendre, le cultivateur se basant sur une expérience acquise que certaines plantes, les céréales, par exemple, vivent plus aux dépens du sol qu'aux dépens de l'atmosphère, tandis que les légumineuses vivent plus aux dépens de l'atmosphère qu'aux dépens du sol.

Parmi les plantes épuisantes sont rangés le lin, le chanvre, le colza, etc.; parmi les plantes fertilisantes sont, en première ligne, le trèfle, le sainfoin et la luzerne. C'est en alternant ces cultures que les céréales succèdent avec avantage aux légumineuses, parce que ces deux séries de plantes ne demandent pas à la terre les mêmes éléments. On sème la prairie artificielle ordinairement au printemps, dans un blé ou un seigle levés dès l'automne de l'année précédente, ou dans une céréale de printemps, en même temps que cette dernière. La durée d'une luzerne est de quatre à douze ans, suivant la nature du sol et aussi suivant les usages de chaque localité. La durée du sainfoin n'est bien souvent que de deux à trois ans. Le trèfle rouge n'a qu'une saison, celle qui suit la saison qui l'a ombragé ; il précède une récolte de céréales. On prolonge sa durée en l'associant au trèfle blanc, à la lupuline et à quelques graminées telles que le ray-grass, le *fromental* et

Flouve.   Ivraie ou ray-grass.   Vulpin des champs.   Fléole des prés.

la fléole. Alors il occupe la terre pendant deux et souvent trois ans. La première ou les deux premières années, le trèfle est fauché ; la dernière ou les deux dernières années où le trèfle blanc et les graminées ont pris le dessus, la prairie artificielle est livrée au pâturage, qui alors améliore considérablement le sol.

La luzerne, le trèfle et le sainfoin ne concourent pas seuls à la formation des prairies artificielles, mais sont la base du système. On fait des prairies artificielles destinées au pâturage, et des prairies artificielles destinées à la faux comme au pâturage, et des prairies dans lesquelles entrent les pois, les fèves, les *vesces*, les *gesses* ou *jarosses*, la *spergule*, et, par extension, le seigle, l'orge, le sarrasin, cultivés pour leur fourrage.

La tige des légumineuses fourragères a une consistance moitié ligneuse, moitié herbacée; ses parties supérieures sont tendres. Elle ne s'élève pas beaucoup au-dessus du sol, mais porte un grand nombre de rameaux, plus tard des fleurs et des fruits. Les feuilles sont composées, alternes, terminées en vrilles chez les volubiles, et douées de mouvements accusés surtout chez le sainfoin et la sensitive. Dans quelques groupes, la fleur est presque régulière. Les botanistes la classent dans la tribu des Papilionacées, parce que l'ensemble, formé de cinq pétales irréguliers, imite un papillon à ailes étendues. La fleur imite encore la forme d'une nacelle avec étendard ou voile, ailes ou rames, corps ou carène double.

La tribu des Papilionacées est riche en graines comestibles, en plantes fourragères, en végétaux utiles à l'industrie (indigotiers, genêts, pour sparterie et pour teinture jaune), arbres d'ornement au bois excellent, plantes médicinales (réglisse, baumes du Pérou et de Tolu, manne de Perse).

A côté du haricot se place le *dolic* aux longues gousses; le haricot rouge d'Espagne, ornement des tonnelles; la glycine, qui entoure une maison de ses grappes lilas; l'érythrine, rouge de sang, comme le *robinier hispide*; le lupin aux folioles digitées offre de charmantes variétés de toutes couleurs.

(Vie des végétaux, p. 111.)

Le groupe des fèves comprend : la *fève*, la *féverolle*, la *lentille*, le *pois*, la *pisaille*, la *vesce*, l'*ers*, le *pois chiche*, et de jolies plantes ornementales, le *pois de senteur* et autres gesses. Au *sainfoin* rose se rattache la desmodie oscillante du Bengale. Les *Trifoliées* réunissent les vingt espèces indigènes du *trèfle*, les *luzernes*, les *mélilots*, les *trigonelles*, les *lotiers* mignons, avec des arbustes et des arbres : la *réglisse*, l'*astragale* qui exsude la gomme adragante, l'*indigotier* dont les feuilles macérées produisent l'indigo blanc que précipite et bleuit l'addition de la chaux ; les robinia dont le plus connu est le *robinier faux acacia* aux fleurs embaumées, au bois tenace, et dont le plus utile est le *bois de fer*.

Près du *genêt* on place le spartium et l'ajonc épineux, textiles utilisés en sparterie, le bugrane arrête-bœuf, le *cytise* ou *faux ébénier* ; presque tous ont des fleurs d'un jaune d'or. Le *sophora* japonais, aux branches torses, aux rameaux pleureurs, a ses étamines libres. Les *Dalbergiées*, toutes exotiques, sont très recherchées : *palissandre*, *santal*, kino. Depuis quelques années, on cultive en Italie et en Bavière une glycine chinoise, *soja* ou *soya*, dont la graine est comestible : le grillage la rapproche un peu du café, et elle est tellement riche en caséine végétale que les Chinois l'emploient à fabriquer une sorte de fromage.

La tribu des *Cæsalpinées* renferme des végétaux aussi beaux qu'utiles, presque tous exotiques : l'*arbre de Judée* dont les épis rouges précèdent les feuilles, le *févier gléditschia* criblé jusqu'à la base de triples épines représentant des rameaux modifiés, les nombreux *cæsalpinia*. On utilise les écorces médicinales du *geoffroya* : la teinturerie emploie le *campêche* violet, et le rouge bois de *fernambouc* ou *présillé*, d'où est venu *brésil*. Les feuilles et les gousses sont purgatives chez les *cassia* (casse et séné) et les *tamariniers* (tamar indien). Parmi les plus utiles, les graines *oléagineuses* de l'*arachide*, les fruits du *caroubier* de Provence, la résine-copal du *courbaril*, le baume de copahu, la *fève de tonka* qui contient le même alcaloïde parfumé que la flouve odorante du foin. La tribu des *Mimosées* comprend : 1° *sensitive* ; 2° *acacia*. Plusieurs espèces (gommiers) sécrètent les gommes les plus estimées d'Arabie, de Barbarie, du Sénégal, du Cap. Le groupe des *Swartziées* offre un bois rouge « de cam » utilisé en Angleterre.

Tous les fourrages peuvent être consommés à l'état vert ou à l'état sec : à l'état vert ils peuvent être mangés sur pied par les animaux, ou bien ils peuvent leur être distribués après qu'on les a coupés. Afin de conserver pour l'hiver les plantes fourragères, on les étale par couches minces à la surface du sol où on les retourne plusieurs fois par jour afin qu'elles sèchent vite. Les légumineuses alimentaires cultivées en France sont le pois, le haricot, la fève, la lentille, qui se consomment à l'état de graines sèches. Les trois premières espèces se mangent vertes, aussi.

Le haricot conserve, soixante ans, sa faculté de germer ; les céréales plus de cinq siècles ; des graines trouvées dans les tombes gallo-romaines et dans les pyramides ont germé, et, comme le froment égyptien a été fort beau, on s'explique assez la grande vogue du *blé des momies.* « Pour
» s'assurer du bon état des semences, on les jette dans
» l'eau : les meilleures descendent au fond, celles qui ont
» été rongées par les insectes surnagent. On les préserve
» de la carie, du charbon, de la rouille — et autres mala-
» dies provoquées par les ravages de champignons para-
» sites — en les *chaulant;* contre les insectes, on emploie
» le vitriol bleu, le sulfure de carbone. »

VOCABULAIRE BOTANIQUE

Fève.	**Assolements.**	**Trèfle.**
Vesce.	**Fromental.**	**Sainfoin.**
Ers.	**Ray-grass.**	**Jarosse.**
Gesses.	**Fléole.**	**Spergule.**
Essuder.	**Chien-dents.**	**Segmenter.**
Alterner.	**Luzerne.**	**Oléagineux.**

PARTIE ORALE

CONDITIONS DE LA GERMINATION — DISSÉMINATION

(*Vie des végétaux*, p. 80.)

L'azote est le principe dominant de la végétation. Parmi les engrais *azotés* la première place appartient au *fumier;* toutes les matières organiques, étant très azotées, conviennent pour fertiliser et enrichir le sol : noir animal des raffineries, sang desséché, — débris de viandes, de peaux, de laines, — tourteaux de betterave, colza, arachide, sésame, — et mille détritus organiques qui ont fait dire que « la mort alimente la vie ». Presque tous ces engrais sont *complets,* c'est-à-dire fournissent à la végétation non seulement de l'azote, mais de la potasse, des phosphates. L'un des plus fertilisants est le *limon* que tant de fleuves déversent en pure perte dans l'Océan : les inondations réglées du Nil firent de l'Egypte le grenier de Rome ;

les dépôts de la Durance enrichissent le département de Vaucluse. Les *engrais azotés artificiels* sont le sulfate et l'azotate d'ammoniaque, le nitrate de potasse (nitre, salpêtre), le nitrate de soude ou salpêtre du Chili. Vous savez combien l'assolement en prairie est utile : ajoutons qu'il est excellent de semer après la moisson du lupin, des vesces, du colza que l'on *enfouit en vert* à la fin de l'automne, fumure naturelle qui fertilise économiquement les terres labourées. Le sarrasin convient aussi.

(Page 73.)

Pour qu'une graine puisse germer, il faut qu'elle ait acquis et conservé la *faculté germinative*. La dessiccation, la chaleur, le froid suspendent cette propriété que les années finissent par supprimer. Tant qu'on prive la semence d'une partie de ce qui est nécessaire à son développement, air, humidité, chaleur tiède, son existence demeure *latente* comme celle d'un arbre en hiver, d'un tardigrade desséché, et presque d'une marmotte qui hiberne ; mais elle n'est pas complètement endormie, et elle est prête à se réveiller sous les influences favorables. La faculté germinative est très précoce chez un petit nombre de plantes : la graine du manglier germe dans le fruit resté sur le végétal ; le fruit de l'arachide s'enterre spontanément ; on doit semer immédiatement les semences du café, du laurier, du papyrus, dès qu'on vient de les cueillir. En général, un intervalle déterminé sépare la *période germinative* de la *période embryonnaire* : toutefois, les graines de la folle avoine et de quelques Légumineuses peuvent germer à un an d'intervalle.

La germination exige le concours de la chaleur, de l'eau et de l'air ; c'est pourquoi le printemps est la saison la plus favorable : en outre, elle est favorisée par l'électricité, l'obscurité, la nature du sol, les alcalis, le chlore, l'ozone.

(Page 70.)

Dissémination des graines. — La plupart des végétaux produisent chaque année un très grand nombre de graines : on évalue à trente-six mille les semences d'un pied de tabac et à plusieurs centaines de mille celles de l'orme. Il faut donc qu'elles soient disséminées sur un large espace : sinon elles s'étoufferaient. 1° La *déhiscence des fruits* s'effectue souvent avec énergie et crépitations : parfois même, pour faciliter la projection des graines, un véritable ressort se détend. On constate ces propulsions chez la fraxinelle, le géranium, le genêt, la balsamine surnommée « *Impatiente, n'y touchez pas* », parce que sa capsule éclate lorsqu'on y porte la main. Le concombre d'âne projette un mélange de graines et de liquide sur ceux qui le touchent. Le *sablier crépitant* d'Amérique éclate avec un fracas comparable à celui d'un coup de pistolet. 2° Le *vent* fait voltiger les fruits et les semences, surtout lorsqu'ils ont des *ailes* (samare du quinquina, graine du pin), ou des *aigrettes* (achaines des Composées, graines des

Broméliacées), ou des *lanières* (*erodium*), ou des poils formant un *duvet léger* (coton des graines du *cotonnier*, du saule, du peuplier). Le contre-alizé a transporté des Antilles en Suède des semences qui ont germé. 3° La *pluie* favorise la dissémination : il en est de même de 4° l'*Océan* : Le courant tiède du Gulf-Stream amène jusqu'aux Açores des graines d'Amérique, ce qui a contribué à la découverte de Christophe Colomb. Les fruits des ciriers américains voguent sur l'Océan : l'énorme et précieux coco des Seychelles est transporté aux Maldives et en Inde. 5° Les *animaux* disséminent les semences : ainsi les crochets de la benoîte, de la bardane, de l'anémone s'attachent momentanément à la toison des moutons ; les graines gluantes du gui sont transportées par les oiseaux, celles de la muscade par les colombes, celles du cannelier de Ceylan par une grive. Enfin, l'homme intervient de plus en plus, semant les bonnes plantes, détruisant les mauvaises, et cherchant (surtout depuis deux siècles) à acclimater les espèces remarquables par leur utilité ou leur beauté.

Utilités : 1° *Graines comestibles.* — En première ligne, les grains des céréales, et surtout le blé, le riz et la base de la bière, l'orge. Le sarrasin ou blé noir et les Légumineuses. Ensuite, les graines du *café*, du cacao (chocolat), du coco. Amande, noix, noisette, châtaigne, faîne du hêtre, chènevis, pin pignon, fécule du marron d'Inde, farine du cycas-dioon, cent autres. Anis, cumin, noix d'arec, muscade et litchi. 2° *Oléagineuses :* colza, navette, pavot-œillette, sésame, arachide, cameline, lin, ricin, croton. 3° *Divers :* coton, graine de moutarde, pépins du cognassier pour brillantine.

QUESTIONNAIRE SUR LA PARTIE ORALE

Qu'entendez-vous par *assolements* ?
Nommez quelques trifoliées ?
Quel est le meilleur engrais ?
Qu'est-ce qu'un engrais *complet* ?
Qu'entendez-vous par limon ?
Qu'est-ce qu'un état *latent* ?
Indiquez le mode de dissémination particulier à certains végétaux ?
Que veut dire déhiscence ?
Comment peuvent se propager certaines graines ?
A quoi sert la graine du pin-pignon ?
A quoi servent l'arachide et le croton ?

EXERCICES

Maïs (feuille engainante).

Le jeune botaniste peut commencer l'impression des fleurs par celle des pois de senteur ou du haricot. Il se servira du colorant liquide *noir*. Il peut en détacher les pétales et faire la fleur en entier soit seule ou en branche. Les genêts sont également faciles; mais, il est nécessaire de faire observer que toute fleur devant figurer dans un herbier illustré sera préalablement pressée entre deux feuilles de papier buvard, puis changée pour être légèrement séchée entre deux autres nouvelles feuilles, car l'humidité produirait des taches.

Les longues gousses seront également reproduites et coloriées de même que les grappes, telles que les acacias et les glycines; les fleurs de lupin, de trèfle, de sainfoin.

(*Planche 4*) **FORMES DES FEUILLES**

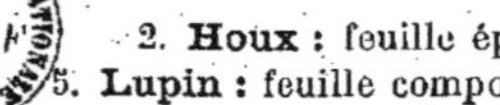

1. **Ricin :** feuille palmatiséquée.
2. **Houx :** feuille épineuse.
3. **Capucine :** feuille peltée.
4. **Mimosa :** feuille composée pennée.
5. **Lupin :** feuille composée digitée.

6, 7, 8 : Frondes de **Fougères.**

Liste des différentes plantes dont les feuilles sont employées comme remèdes.

NOMS	PROPRIÉTÉS	USAGES
Absinthe.	Vermifuge. Fébrifuge.	Infusion dans l'eau, le vin, l'alcool.
Angélique.	Stomachique.	
Ache.	Vulnéraire. Aromatique.	
Achillée.	Vulnéraire.	Pilées avec du sel et appliquées comme topiques.
Argentine.	Vulnéraire.	
Armoise.	Stomachique.	Infusion.
Arnica.	Fébrifuge.	Eau distillée.
Basilic.	Vulnéraire.	Décoction pour bains.
Bourrache.	Aromatique.	Infusion et suc exprimé.
Bétoine.	Vulnéraire. Stomachique.	Pilée avec du sel et appliquée en topiques.
Capillaire.	Pectoral.	Infusion.
Cassis.	Stomachique.	Infusion.
Cerfeuil.	Sudorifique.	Infusion.
Chicorée sauvage.	Dépuratif.	Infusion. Décoction.
Chou rouge.	Pectoral	En bouillon pectoral.
Chou commun.	Antiscorbutique.	Les feuilles flétries servent de cataplasme.
Citronnelle.	Vulnéraire. Aromatique.	Limonade.
Cochléaria.	Antiscorbutique.	Infusion dans l'alcool.
Cresson de fontaine.	Antiscorbutique.	Feuilles mangées crues. Suc exprimé.
Cresson alénois.	Antiscorbutique.	Idem.
Epervier-filoselle.	Vulnéraire.	Infusion. Décoction pour onguent.
Fenouil.	Vulnéraire. Aromatique.	Cataplasmes.
Fumeterre.	Antiscorbutique.	Suc exprimé.
Genévrier.	Vulnéraire. Aromatique.	Désinfecteur en fumigation.
Germandrée.	Fébrifuge. Stomachique.	Infusion.
Guimauve.		Les feuilles servent pour cataplasmes émollients.
Houx.	Fébrifuge. Pectoral.	Infusion dans l'eau ou le vin.
Hysope.	Vulnéraire. Stomachique.	Infusion.
Joubarbe.	Vulnéraire.	Maux d'aventure et cors aux pieds.
Laitue.	Calmant. Dépuratif.	Suc exprimé. Eau distillée.
Laurier.	Vulnéraire. Aromatique.	Frictions.
Laurier-cerise.	Calmant.	Infusion très légère dans l'eau et le lait.

NOMS	PROPRIÉTÉS	USAGES
Lavande.	Aromatique.	Parfum.
	Vulnéraire.	Désinfectant.
Lichen d'Islande.	Pectoral.	Décoctions; on en boit la troisième eau. On s'en sert pour confitures et gelées.
	Fébrifuge.	
	Tonique.	
Lichen pulmonaire.	Pectoral.	Feuilles pilées sur contusions.
	Vulnéraire.	
Lierre terrestre.	Pectoral.	Infusion.
	Vulnéraire.	
	Aromatique.	
Marjolaine.	Vulnéraire.	Essence.
	Aromatique.	
Matricaire.	Fébrifuge.	Infusion.
	Vermifuge.	
Mauve.	Emollient.	Cataplasmes.
Mélilot.	Vulnéraire.	Saveur.
	Aromatique.	
Mélisse.	Aromatique.	Saveur.
	Vulnéraire.	
Menthe.	Stomachique.	Infusion.
	Aromatique.	Eau distillée.
	Vulnéraire.	
	Stomachique.	
Millepertuis perforé.	Pectoral.	Macération dans l'huile.
	Vulnéraire.	
Millepertuis androsème.	Vulnéraire.	S'emploie sur clous et maux d'aventure.
Morelle douce-amère.	Dépuratif.	Infusion.
	Antiscorbutique.	
Mousse de Corse.	Vermifuge.	Infusion sucrée.
Myrte.	Vulnéraire.	Infusion.
	Stomachique.	
Ombilic.	Emollient.	S'emploie pour faire aboutir les clous.
Orange.	Antispasmodique.	Infusion.
Origan.	Aromatique.	
Orpin.	Vulnéraire.	Feuilles écrasées sur blessures ou brûlures.
Ortie brûlante.		S'emploie pour exciter les membres engourdis.
Ortie.	Astringente.	Suc exprimé en cas de dysenterie.
Oseille.	Rafraîchissante.	Infusion. Suc.
Pariétaire.	Apériente.	En cataplasmes et en tisanes.
Pêcher.	Vermifuge.	Infusion.
Pensée.	Dépuratif.	Infusion.
	Antiscorbutique.	
Persil.	Vulnéraire.	Feuilles pilées sur contusions.
Pissenlit.	Antiscorbutique.	Infusion. Suc exprimé.
Pulmonaire.	Pectoral.	Décoctions.
Quintefeuille potentille.	Vulnéraire.	. . . .
Rave.	Antiscorbutique.	Suc.
Romarin.	Aromatique.	. . . .
	Vulnéraire.	

NOMS	PROPRIÉTÉS	USAGES
Sauge.	Aromatique. Vulnéraire.	Infusion.
Seneçon jacobé.	Vulnéraire.	Pilé avec du sel pour topiques.
Seneçon des oiseaux.	Vulnéraire.	Pilé avec du sel.
Serpolet.	Aromatique. Vulnéraire.	. . . .
Tanaisie.	Fébrifuge. Vermifuge.	Infusion.
Thé.	Stomachique. Vulnéraire.	Infusion.
Thym.	Aromatique. Vulnéraire. Stomachique.	Infusion.
Trèfle musqué.	Aromatique. Stomachique. Vulnéraire.	Infusion en cas d'érysipèles.
Valériane.	Antispasmodique.	Feuilles sèches pulvérisées et infusions.
Varechs.	Antidartreux.	Décoctions. Bains.
Véronique officinale.	Pectoral. Vulnéraire.	Employée contre l'asthme.
Véronique beccabunga.	Antiscorbutique.	Suc exprimé.
Verveine.	Vulnéraire.	Pilée avec du sel pour topiques.

L'herbier.

Un herbier est une collection de plantes desséchées. Lorsqu'il n'est, pour son possesseur, qu'un objet d'amusement ou de souvenir, on fixe les plantes avec de la gomme sur une feuille de papier ou d'album et on recouvre avec un papier volant.

Ce mode ne suffit pas pour l'étude ; aussi les botanistes et amateurs sérieux qui ont souvent besoin de reprendre leurs plantes, afin de les examiner, ont adopté différentes manières de fixer leurs spécimens. Les uns se servent d'épingles, les autres de lanières de papier passées dans la feuille sur laquelle ils reposent. Lorsque les échantillons sont bien desséchés, on place chaque espèce dans une feuille à part, et, selon la méthode de classification adoptée par son auteur, on y joint une étiquette indiquant le nom de la plante, son pays d'origine, le nom de l'endroit où elle a été cueillie ou de la personne qui l'a procurée, les dates, enfin, et tout ce qui ajoute de l'importance à sa possession. Puis on range toutes les espèces par familles, genres, etc.; le tout forme l'herbier.

Notre herbier peut servir de complément à celui que nous venons de décrire, et il peut y suppléer. Il arrive souvent qu'illustrer un échantillon est plus commode que de le dessécher et de le transporter, l'avantage de l'illustration l'emporte même sur la dessiccation dont le désagrément est de jaunir les nuances des spécimens.

Il est urgent que le botanographe réserve pour son herbier des cahiers de mêmes dimensions, afin que l'ensemble, à mesure que les cahiers se multiplient, forme une série qu'il pourra faire réunir. Les cahiers pour l'étude de la méthode seront également similaires.

CALENDRIER DE FLORE

JANVIER

Perce-neige. — Ellébore noir.

FÉVRIER

Noisetier. — Daphné. — Anémone hépatique.

MARS

Violette. — Narcisse. — Primevère. — Giroflée jaune.

AVRIL

Tulipe. — Iritillaire. — Petite pervenche. — Jacinthe. — Lilas. — Lierre terrestre.

MAI

Muguet. — Iris. — Pivoine. — Cerisier. — Pommier. — Chêne. — Marronnier.

JUIN

Bleuet. — Pied-d'alouette. — Cresson. — Nielle des blés. — Nénuphar. — Pavot. — Coquelicot. — Vigne. — Froment. — Tilleul.

JUILLET

Laurier-rose. — Œillet. — Menthe. — Hysope. — Catalpa. — Chicorée. — Centaurée.

AOÛT

Scabieuse. — Sainfoin. — Balsamine. — Thym. — Romarin. — Myrte. — Laurier-tin. — Magnolia.

SEPTEMBRE

Réséda. — Colchique. — Cyclamen d'Europe. — Lierre. — Genêt. — Amaryllis jaune. — Œillet d'Inde.

OCTOBRE

Chrysanthèmes. — Topinambour. — Aralie épineuse.

NOVEMBRE

Verveine. — Véronique. — Ephemérine. — Anémone du Japon.

DÉCEMBRE

Rose de Noël. — Thlaspi d'hiver. — Lichens. — Mousse.

HORLOGE DE FLORE

1 heure du matin : Laiteron de Laponie.
2 — — Salsifis.
3 — — Grande Picridie.

4 heures du matin : Liseron des haies.
5 —   —   Crépide des toits.
6 —   —   Scorsonère.
7 —   —   Nénuphar.
8 —   —   Mouron.
9 —   —   Souci des champs.
10 —   —   Pourpier.
11 —   —   Ornithogale ou dame d'onze heures.
Midi :   Ficoïdes.
1 heure   Œillet.
2 —   Crépide rouge.
3 —   Barkausie.
4 —   Alysse alyssoïde.
5 —   Belle-de-nuit.
6 —   Géranium triste.
7 —   Hémérocalle safranée.
8 —   Ficoïde du soir.
9 —   Nictanthe du Malabar.
10 —   Liseron à fleur pourpre.
11 —   Silène nocturne.
Minuit   Cactus grandiflorus.

DURÉE DE LA GERMINATION

Froment, seigle, millet .... 1 jour
Cresson alénois .... 2 —
Fève, haricot, pois, lentille, épinard .... 3 —
Moutarde, rave, radis .... 3 —
Laitue, chicorée, fenouil, anet .... 4 —
Melon, cerfeuil, carotte .... 5 —
Concombre, citrouille, betterave .... 6 —
Orge et beaucoup de Graminées .... 7 —
Salsifis, arroche, piment, tomate .... 8 —
Panais, oseille, absinthe .... 8 —
Pomme de terre, mâche, coriandre, chou .... 10 —
Céleri, cardon, artichaut .... 10 —
Pimprenelle, raiponce, fraisier .... 10 —
Capucine, scorsonère .... 12 —
Angélique, topinambour .... 15 —
Rue .... 25 —
Hysope, groseillier, framboisier .... 30 —
Persil .... 45 —
Amandier, pêcher, pivoine .... 1 an
Cornouiller, rosier, aubépine, noisetier .... 2 ans

---

Couronnes de feuillage, de fleurs, guirlandes, etc.

Il n'existe pas de figure plus éloquente que le cercle, qui est symbolique, et signifie : *qui n'a et qui n'aura pas de fin ;* c'est-à-dire l'éternité.

Que le cercle soit un simple anneau ou une couronne, qu'il soit fait de l'or le plus pur enchâssé de brillants, de feuillage, de fleurs ou de mousse, il nous rappellera toujours une idée de durée, d'une sorte de lien impérissable. Les anciens décernèrent diverses sortes de couronnes à ceux de leurs compatriotes qui s'étaient distingués par une action glorieuse. Comme couronne royale, il indique l'autorité, la suprématie ; comme bague nuptiale, un gage de foi et de vœux échangés qui lient pour la vie. Celles qui furent composées de feuillage doivent nous occuper premièrement.

La *corona civica*, faite de chêne, fut la récompense du soldat qui avait sauvé la vie d'un citoyen. On la tenait en si grand honneur que, lorsque celui qui l'avait méritée paraissait ainsi couronné dans les jeux publics, toute l'assemblée se levait en signe de respect.

La *corona graminea,* faite d'herbe, fut offerte par les militaires au chef qui les avait sauvés d'un grand danger.

La *corona obsidionalis* fut faite d'herbe également, mais celle qui la composait devait être cueillie sur les lieux mêmes où une armée assiégée avait été secourue.

La *corona oleagina* fut composée de bois d'olivier et décernée à ceux qui avaient aidé le vainqueur à remporter sa victoire.

La *corona ovalis* fut faite de myrte, quelquefois de laurier.

On entend par guirlandes olympiques, pythiques, néméennes et isthmiques, celles que remportèrent les vainqueurs aux quatre grandes fêtes nationales de la Grèce. On y disputait le prix de la lutte, de la course, du saut, du disque, du javelot, de la musique et de la poésie. Il n'y avait pas pour un Grec de l'antiquité de plus grande distinction que celle d'être couronné à Olympia : ici la couronne était d'olivier.

Les couronnes décernées aux jeux isthmiques furent faites de pin ; celles des jeux néméens, d'ache ou de persil ; celles des jeux pythiques, tantôt de laurier, de bouleau et de chêne, mais, à la fin, de laurier seulement.

Les Muses et les divinités se distinguent les unes des autres par les couronnes qui sont leurs attributs. On nous représente Erato et l'Hyménée avec des couronnes de myrte et de roses ; Polymnia avec une couronne de perles ; Clotho porte une couronne d'étoiles ; Apollon, Calliope, Clio et Daphné ont des couronnes de laurier. Pomone a pour attribut une guirlande faite du fruit et des feuilles de la vigne. Melpomène tient plusieurs couronnes de la main droite.

Horace nous apprend qu'il faisait cultiver le lierre et l'ache pour en former des couronnes, et son arbre de pin avait été consacré, à cet effet, à Diane.

Les guirlandes que portaient les Romains pendant les repas appelés *comissationes* étaient composées de fleurs, soit naturelles, soit artificielles. Elles étaient de deux grandeurs : les unes montées en couronnes pour la tête, les autres, plus grandes, pour orner le cou et la poitrine.

Les anciens croyaient que le parfum des fleurs les préservait contre l'ivresse et portaient toujours des guirlandes aux banquets solennels ; ils en faisaient suspendre autour de la salle, surtout aux repas du soir. Des guirlandes figuraient encore comme parties du menu, car les serviteurs étaient chargés de les présenter aux invités, entre le premier et le second service. Elles se composaient alors d'une seule espèce de fleurs du goût du maître de la maison, soit de violettes, de roses, de safran ou de valériane.

Les plus prodigues se servaient de roses dont les pétales furent détachés et cousus sur des couronnes faites d'écorces d'arbres rares. On introduisit, sous le règne des empereurs,

des couronnes faites de copeaux de cornes. Les fleurs artificielles, à cette époque, furent très fortement imprégnées
d'essences parfumées et d'aromates.

Les fleurs préférées de Néron furent les roses. Le plafond
de la salle où se tenaient ses banquets était d'un vellum
drapé qu'on pût facilement écarter ; à un moment donné,
cette toile en s'entr'ouvrant laissait tomber sur les convives
une pluie de feuilles de roses fraîches.

TERMES DE BOTANIQUE

ET

NOMS DE VÉGÉTAUX

MENTIONNÉS

DANS CE *GUIDE DE BOTANIQUE VULGARISÉE*

A

Absorption. Introduction des gaz ou sucs nourriciers par les pores du végétal.

Acacia. Arbre de la famille des Légumineuses; il est garni d'épines et produit des branches odorantes disposées par bouquets. Le robinier est originaire d'Amérique. La gomme arabique provient de plusieurs espèces d'acacia d'Afrique et d'Arabie.

Acanthe. Plante de la famille des Acanthacées; elle croît dans le Midi. Les touffes qui s'élèvent de son pied et se recourbent en dehors ont donné aux Grecs l'idée du chapiteau corinthien.

Acaule. Dépourvu de tige; dont les feuilles sont ramassées près de la terre.

Ache ou céleri. Feuille dont on se couronnait dans l'antiquité. Plante de la famille des Ombellifères.

Aciculaire. En forme d'aiguilles.

Adhérent. Qui se soude avec un autre organe.

Adventif. Qui se développe sur une partie où sa position n'est pas ordinaire ni naturelle.

Afflux. Se dit de la sève qui monte vers le centre où abondent les sucs nourriciers.

Aiguillon. Dard piquant.

Ail. Espèce d'oignon d'une odeur très forte. Plante de la famille des Liliacées, qui sont herbacées; feuilles opposées, alternes ou radicales.

Ailé. Synonyme de *penné*.

Aisselle. Angle situé au-dessus du point d'attache d'une feuille ou d'un rameau avec la partie supérieure de la tige.

Alambic. Appareil qui sert à distiller.

Albumen. Substance qui fait la majeure partie du blanc d'œuf, du grain de blé, etc.

Alterne. Disposé en spirale autour de la tige.

Amendements. Amélioration d'un terrain que l'on rend plus complet.

Amidon. Fécule fine tirée des végétaux et particulièrement du blé, des graines.

Amphore (*amphora*, vase; lat.). Les amphores de l'antiquité étaient des mesures de capacité. Elles contenaient à peu près 38 litres. En botanique on se sert du mot *amphore* pour désigner des parties de végétaux dont la forme rappelle l'*amphora* des anciens.

Amplexicaule. Qui embrasse la tige.

Ananas. Plante de la famille des Broméliacées, à feuilles radicales, raides et épineuses.

Anémone. Espèce de renoncule dont la fleur varie de couleur depuis le pourpre jusqu'au lilas, et même au blanc. L'anémone hépatique est une plante basse aux feuilles d'abord d'un vert luisant, et brunes ensuite. Famille des Renonculacées.

Aphylle. Dépourvu de feuilles.

Aquifère. Se dit des stomates qui laissent échapper du liquide.

Aréole. Marqué de petites cavités.

Arnica. Plante médicinale, renommée contre les blessures, etc. De la famille des Composées.

Arroche. Plante employée comme aliment et comme médicament rafraîchissant. Elle est de la famille des Atriplicées, celle des épinards. Ses feuilles sont presque toujours alternes ou opposées et sans gaine.

Article. On nomme ainsi l'intervalle qui existe entre deux articulations.

Articulation. Cloison où deux parties se coupent et se détachent à une époque déterminée comme les points d'attache des feuilles articulées.

Arum. Plante médicinale et commune dans les lieux ombragés et humides; herbacée, vivace, à feuilles alternes ou radicales à base engainante ou roulée. Famille des Aroïdées.

Asperge. La nature charnue du fruit constitue le caractère qui distingue la famille des Asparaginées de celle des Liliacées. Quand on examine de près les prétendues feuilles des asperges, on reconnaît qu'elles sont réduites à l'état d'écailles. Les jeunes pousses nous servent d'aliments.

Assolements. Succession de diverses cultures dont le but est de renouveler le sol et d'empêcher qu'il s'épuise par des végétaux qui emprunteraient à la terre plus de principes qu'à l'atmosphère.

Axillaire. Tout ce qui naît d'un angle formé par la réunion d'un pétiole avec un rameau, ou d'une branche avec la tige.

B

Balisier. Plante originaire des Indes, appartenant à la famille des Cannées. Les feuilles sont assez grandes et assez souples pour que les naturels puissent s'en servir comme nous nous servons des tissus de lin.

Balles (d'avoine). Pellicule qui enveloppe le grain.

Balsamine. Plante de la famille des Géraniums.

Barrage. Massif qui barre une rivière.

Basilic. Herbe odoriférante de la famille des Labiées.

Baume (*du Canada*). Résine d'un sapin d'Amérique.

Baume (*de copahu*). Résine obtenue dans l'Amérique méridionale.

Baume (*de la Mecque*). Résine odorante de la famille des Térébinthacées.

Baume (*du Pérou*). Résine de la plante exotique, famille des Légumineuses.

Baume (*de Tolu*). Résine recueillie en Colombie.

Bégonia. Plantes exotiques et remarquables par leur port. Elles portent des feuilles de coloration brillante et diversifiée.

Benoite. Plante médicinale à fleurs écarlates.

Berce. Héraclée. Végétal à tige sucrée et fermentescible de la famille des Ombellifères.

Berle. Végétal de la famille des Ombellifères.

Betterave. Bette dont les racines sont grasses, charnues et sucrées. Feuilles presque toujours alternes ou opposées, sans gaine. Cette plante herbacée appartient à la famille des Atriplicées.

Bière. Boisson fermentée faite avec de l'orge et aromatisée de houblon.

Bifide. Deux fois fendu; partagé longitudinalement au sommet par une fente qui ne va pas au delà du milieu de la feuille, ou de l'organe végétal.

Bifurqué. Divisé en deux branches.

Bilobé. Formé de deux lobes.

Nota. — La différence entre *bifide* et *bilobe* consiste en ce que ce dernier signifie deux divisions séparées par un angle obtus, tandis que celles d'un angle *bifide* le sont par un angle aigu.

Bipenné. Lorsque le pétiole principal d'une feuille se subdivise en deux pétioles dont chacun porte des folioles.

Blé. Grain dont on fait le pain; appelé aussi *froment*.

Les grands blés : le froment et le seigle.

Les petits blés : l'orge et l'avoine.

Blé noir : le sarrasin.

Blé de Turquie : le maïs.

Blutage. Passage de la farine par le blutoir afin de la séparer du son.

Bouleau. Arbre de la famille des Amentacées. Feuilles alternes; cône, noix au gland cupulifère.

Bourrache. Plante de la famille des Borraginées qu'on emploie en tisanes. Feuilles alternes ordinairement couvertes de poils rudes.

Bractées. Feuilles qui avoisinent les fleurs et qui diffèrent de la feuille ordinaire par la forme et la couleur; lorsqu'elles n'en diffèrent pas, on les nomme feuilles florales.

Bractéoles. Bractées plus petites et intérieures.

Bnome. Plante à fourrage qui fait partie des Graminées.

Bugrane.

C

Cacao. Fruit du cacaoyer, de la famille des Malvacées. Feuilles stipulées, simples, alternes, souvent lobées.

Cactus. Plante grasse, originaire de l'Amérique tropicale, remarquable par la singularité de sa feuille et de sa tige. Celle-là est souvent indiquée par de petits faisceaux d'aiguillons, elle est plane et pétiolée; celle-ci est tantôt cylindrique, tantôt anguleuse, tantôt formée d'articulations superposées. Elle appartient à la famille des Cactées.

Caduque. Qui tombe plus tôt que les organes de même nature.

Cæsalpinées. De la famille des Légumineuses; renferment des végétaux exotiques tels que l'arbre de Judée, les tamariniers, etc.

Calorification. Diffusion par rayonnement du fluide impondérable qui est le principe de la chaleur.

Cameline. Graine oléagineuse, mûrit vite; son huile sert à l'éclairage.

Camomille. Plante médicinale excitante et stomachique. Elle appartient à la famille des Composées; même organisation que la *chrysanthème*.

Campêche. Bois estimé en ébénisterie; fournit une matière colorante violette; appartient à la famille des Légumineuses. Ce bois est la cause du nom de *Brésil*, où on le trouve. Les Indiens cultivaient un bois tinctorial rouge que les anciens désignaient sous le nom de *Présille*; la découverte d'un arbre analogue sur la côte américaine fit donner à celle-ci le nom de *côte de Présille*, changé depuis en *Brésil*.

Canal médullaire. Conduit et moelle.

Capillaire. Comme un cheveu plus ou moins fin. Se dit aussi d'une feuille très déliée.

Caprier. Arbrisseau qui produit les câpres, qui sont des boutons à fleurs et s'emploient comme assaisonnement après avoir été confits dans le vinaigre. Feuilles alternes souvent incisées. Cette plante est le type de la famille des Capparidées.

Capucine. Plante herbacée, originaire du Pérou, feuilles peltées; elle appartient à la famille des Tropéolées.

Carde. Plante dont les feuilles sont longues et ont les côtes larges et charnues, que l'on mange. Elle appartient à la familles des Atriplicées.

Carie. Maladie des arbres, du blé.

Caroubier. Arbre de la famille des Légumineuses. Ses longues gousses charnues intérieurement sont d'une saveur douce et sucrée.

Carthame. Plante de la famille des Composées. Les feuilles, faiblement épineuses, sont recherchées des bestiaux. Les graines, dont les perroquets se montrent très friands, fournissent une huile alimentaire. Le fard connu sous le nom de *rouge végétal* est du talc coloré par le carthame.

Caulinaire. Qui naît sur la tige.

Céleri. Plante potagère de la famille des Ombellifères; variété de l'ache à feuilles très découpées. On mange les pétioles et les nervures principales qu'on fait étioler en les enterrant.

Cerfeuil. Plante annuelle ombellifère et potagère; feuilles découpées.

Céropège. De la famille des Asclépiadées, dont les feuilles présentent entre leurs pétales des cils au lieu de stipules.

Champignons. Plantes dépourvues de chlorophylle, sorte de feutre uni. Jamais ils ne forment d'amidon; ils se décomposent rapidement et croissent de même; ils vivent en parasites sur des plantes ou des animaux. Ils vicient l'air dont ils absorbent l'oxygène pour exhaler une égale quantité d'acide carbonique. La plupart sont des poisons extrêmement dangereux. On peut en distinguer de nombreuses familles.

Châtaigne. Fruit d'un arbre de la famille des Amentacées (cupulifère). Ce fruit est une capsule épineuse s'ouvrant en plusieurs parties et renfermant dans une seule loge autant de *graines* qu'il y avait de fleurs dans l'involucre. Ces graines sont les châtaignes; on les appelle *marrons* lorsqu'elles sont plus grosses et rondes. L'arbre atteint quelquefois de très grandes dimensions; les feuilles sont alternes, digitées, quintifoliées et septifoliées.

Chaton. Assemblage de fleurs unisexuées disposées en épi autour d'un axe commun.

Chaume. Tige herbacée, flexible, creuse dans toute sa longueur, sauf certains points appelés *nœuds*. Cette tige est propre au blé, au roseau, au seigle, à l'avoine, etc.

Chélidoine. Un grand pavot à fleurs jaunes, en croix, réunies en groupes, et dont le suc est vénéneux. Les plantes de cette famille sont des Papavéracées, les feuilles en sont lactescentes, alternes et ordinairement sessiles.

Chènevis. La graine du chanvre.

Chicorée. Plante potagère de la famille des Composées. Il y en a trois variétés principales : la *scarole*, la *petite endive* et la *chicorée frisée*. La *scarole* a les feuilles larges et un peu dentées; la *petite endive* les a, au contraire, étroites et allongées; la *chicorée frisée* est découpée et frisée sur le bord. Ces trois espèces se mangent en salade. Une autre espèce, qui se mange également en salade, est la *barbe-de-capucin*. Ce sont de jeunes pousses de *chicorée sauvage* (qui poussent sur le bord des chemins) qu'on cultive dans un lieu privé de lumière. C'est encore de la chicorée sauvage que l'on fabrique celle dont on se sert pour mêler, comme rafraîchissant, avec le café.

Chou. Plante potagère de la famille des Crucifères. Les plantes qui ont de la ressemblance avec le chou sont : le *chou palmiste; chou de mer; chou de cocotier*, etc. Parmi les diverses espèces du genre *chou*, il y a : 1° le *chou pommé*; 2° le *chou de Milan*, dont les feuilles sont frisées sur les bords ; le *chou de Bruxelles*; le *chou rouge*, très serré ; le *brocolis* ou *chou-fleur*, dont les pédoncules floraux se mangent. Il y a une variété de brocolis dont les feuilles sont ondulées et dont la partie charnue est souvent de couleur violette.

Les *choux-raves* servent surtout pour les animaux; mais en Allemagne et ailleurs on en mange; le chou-rave est vert, il sort de terre et porte des feuilles.

Cicutaire aquatique. Ciguë vireuse. (Voy. *Ciguë*.)

Ciguë. Plante vivace de la famille des Ombellifères. On distingue dans cette espèce la *petite ciguë*, la *grande ciguë* et la *ciguë vireuse*. Toutes les trois sont vénéneuses et se confondent souvent avec le persil, car la *petite* et la *grande* ciguë poussent dans les jardins et se mêlent facilement dans les plans de cerfeuil. La grande ciguë se trouve le plus souvent dans les fossés, les ruines et les haies ; mais son odeur la ferait rejeter, tant elle est âcre et désagréable. La *ciguë vireuse* pousse sur les bords des ruisseaux, elle est encore plus dangereuse que la petite et la grande ciguë.

Pour l'observateur il y a une notable différence entre les feuilles composées des ciguës et du persil ou du fenouil. Les folioles sont plus finement dentelées au bord que ne le sont celles du persil; et la couleur verte en est plus sombre; plus luisantes aussi chez la grande ciguë, les folioles sont luisantes *en dessous*. Socrate fut condamné à boire l'extrait de la ciguë.

Citronnelle. Plante aromatique de la famille des Labiées à feuilles souvent épineuses (romarin, menthe, etc.). Elle est originaire du Chili.

Coléorhize. Une gaine qui se rompt à l'époque de la germination.

Composé. Formé de plusieurs parties qui paraissent simples au premier coup d'œil.

Condensation. Terme de physique : action de rendre des gaz plus denses, etc., etc. ; résultat de cette action.

Cône. Pyramide à base circulaire et terminée en pointe. Partie de la plante en forme de cône; synonyme de *strobile* (voy. ce mot). Ce mot est l'origine du nom de la famille des Conifères.

Connées. Se dit de parties soudées ensemble.

Convoluté. A demi enroulé.

Cordiforme. En forme de cœur.

Coriandre. Plante aromatique et stomachique de la famille des Ombellifères. Ce produit forme une excellente liqueur.

Crénelé. Découpé sur les bords en dents arrondies.

Crithme. Plante dont les feuilles se confisent au vinaigre.

Cucurbitacées. Plantes herbacées, volubiles ou rampantes, à poils courts et rudes; feuilles alternes, vrilles côté des pétioles; graines ovales et aplaties.

Cupule. Réunions de Bractées écailleuses ou foliacées; persistantes autour de la fleur et qui entourent la base du fruit, comme le gland, ou qui l'enveloppent entièrement, comme la châtaigne.

Curvinerve. Dont les nervures forment une légère courbe.

Cyclanthus. Famille des Cyclanthées, végétaux à feuilles en forme d'éventail.

Cytise. Arbre d'ornement à feuilles sessiles de la famille des Légumineuses.

D

Dalbergiées. Renferment des végétaux exotiques très estimés, tels que le palissandre, le santal, etc. Tribu des Légumineuses.

Déboisement. Coupe des arbres dans les forêts et lieux boisés.

Décoction. Composition qu'on obtient en faisant *bouillir* des drogues ou des plantes dans un liquide auquel elles communiquent leurs propriétés médicamenteuses.

Décomposées (feuilles). Doublement composées, c'est-à-dire qu'elles offrent un pétiole commun qui se ramifie; chaque pétiole ainsi ramifié porte à son tour d'autres pétioles auxquels sont attachées les folioles. Ex.: *sensitive.*

Déhiscence. Ouverture des fentes d'un fruit sec pour en laisser échapper ses graines.

Denté. Qui a des dents.

Déprimé. Dont la coupe transversale est plus large que la coupe longitudinale.

Dicotylédoné. A deux cotylédons.

Digité. Divisé en lobes que l'on compare à des doigts.

Disque. Toute la surface d'une feuille comprise entre ses bords.

Dissémination. Acte par lequel les graines sont naturellement dispersées à la surface de la terre à l'époque de leur maturité.

Distique. A deux rangées.

Drainage. L'aération du sol par l'appel des eaux superflues dans des conduits de terre cuite d'où elles découlent ailleurs.

Dunes. Monticules de sable sur les bords de la mer.

E

Ecaille. Petite production sèche ou colorée qui recouvre certaines parties d'un végétal (feuille métamorphosée).

Endosperme et périsperme (Albumen). Un corps accessoire qui fait partie, par exemple, de l'amande et qui varie beaucoup dans sa consistance : il est farineux dans les Graminées; corné dans le café; oléagineux, ligneux, etc.

Engainement. Comme dans un étui.

Ensiforme. En forme de fer de lance.

Entière. Se dit d'une feuille dont les bords n'ont pas de dents. Ex. : lilas.

Epiderme. Peau fine extérieure.

Epillets. Groupes de fleurs disposés alternativement de côté et d'autre d'un axe flexible, chaque épillet est enveloppé dans deux folioles écailleuses.

Epinard. Plante alimentaire de la famille des Chénopodées. Feuilles entières non engainantes. Les épinards ont été apportés d'Orient.

Epine-vinette. Arbuste armé de piquants qui fait l'ornement des bosquets. Elle appartient à la section des Vinettiers, dans la famille des Caryophyllées à feuilles entières opposées et connées à la base; limbe ordinairement étalé.

Epineux. Hérissé ou semé d'épines.

Epiphylle. Toutes les parties qui naissent ou qui sont sur les feuilles.

Equitante. Lorsqu'une feuille est à cheval sur son opposée.

Erable. Arbre à feuilles opposées au bois très dur. Il y en a trois espèces : *l'érable plane*, *l'érable sycomore*, *l'érable à sucre* dont on retire un suc nourrissant. Les fruits à ailes portent le nom de *samares.*

Eucalyptus. Arbre de la famille des Myrtacées, feuilles entières et opposées. Il jouit de la merveilleuse propriété de garantir de la fièvre les contrées où il pousse. Les Trappistes aux environs de Rome en cultivent une partie de la Campagne. On s'occupe d'acclimater cet arbre si utile dans le midi de la France.

F

Faine. Fruit du hêtre.

Fébrifuge. Qui combat, qui guérit la fièvre.

Fenouil. Plante aromatique de la famille des Ombellifères dont un des caractères est d'avoir des feuilles engainantes, alternes et ordinairement découpées. Le fenouil se mange en manière de céleri dans les pays chauds; on laisse aussi infuser pour en tirer une boisson rafraîchissante. En Allemagne, on s'en sert en guise de persil et, en Angleterre, certains poissons sont garnis de fenouil. Le feuillage très découpé et gracieux l'a fait cultiver en France comme plante d'ornement.

Fétide. Qui a une odeur très désagréable.

Février. Plante alimentaire de la famille des Légumineuses-Papilionacées; la tige est droite et sans vrilles, les fleurs blanches et les ailes tachetées de noir.

Filaments. Petits brins longs et déliés comme ceux qu'on retire du chanvre.

Fléchière. Plante qu'on appelle aussi *sagittaire*, qui fait l'ornement de nos ruisseaux. Les feuilles sont de deux espèces : les unes aériennes ou flottantes, les autres submergées; celles-là sont d'une forme ordinaire aux végétaux aquatiques; celles-ci sont réduites à des limbes allongés, si elles poussent dans les eaux courantes. Les feuilles qui poussent dans les marais et les étangs où l'eau est croupie sont seulement aériennes.

Floraison. Le développement et l'épanouissement de la fleur. La floraison de chaque plante s'effectue régulièrement à tel mois (calendrier de flore) et l'épanouissement de chaque fleur à telle heure du jour (horloge de flore).

Flouve. Végétal de la famille des Graminées qui donne au foin son odeur agréable et dont les épillets sont sessiles.

Foliacé. De la nature des feuilles.

Fragon. De la famille des Liliacées. Le fragon est appelé aussi *houx frelon, petit houx*. Les fragons étaient autrefois célèbres comme apéritifs.

Fraxinelle. Plante dont les feuilles ont une grande ressemblance avec celles du frêne. Elle appartient à la famille des Rutacées.

Fumeterre. Plante officinale très amère de la famille de Papavéracées, à feuilles lactescentes alternes et ordinairement sessiles.

Fusiforme. En forme de fuseau.

G

Gaine. Partie inférieure d'une feuille engainante, ou qui forme un étui autour de la tige.

Galbanum. Gomme résineuse tirée d'une plante de même nom et de la famille des Ombellifères, dont un des caractères généraux est d'avoir des feuilles engainantes, alternes et ordinairement découpées.

Géminé. Se dit de deux parties d'un végétal rapprochées deux à deux.

Gemmule. Bourgeon contenant des rudiments de feuilles.

Genêt. Plante industrielle, genre qui renferme plusieurs arbrisseaux à fleurs jaunes, dont quelques-uns sont agricoles, comme le *genêt à balai*. On en fait du fourrage. On retire du genêt d'Espagne une filasse qui sert à tisser une forte toile.

Germination. Premier développement du germe d'une plante sous l'influence de la chaleur et de l'humidité.

Gesse. Pois de senteur, dont les feuilles sont réduites à deux longues folioles et tout le reste est transformé en oreille à rameaux.

Glabre. Sans poils, sans aspérités.

Glaïeul. Plante de la famille des Iridées, à laquelle appartiennent aussi les iris et les crocus.

Glandes. Parties vasculaires destinées à la secrétion de certains fluides.

GLAUQUE. D'un vert gris ou bleu comme la surface inférieure des feuilles de tilleul, framboisier ou saule.

GLUMES. Sorte d'écaille sèche qui enveloppe la fleur des Graminées ; ces fleurs sont quelquefois au nombre de quatre et de cinq avec quelques fleurs stériles encore. Les *glumelles* sont écailleuses et situées à des niveaux différents.

GLUMELLULES. Deux petites folioles enfermées dans les glumelles ; elles sont très petites et membraneuses.

GLUCOSE. Sucre de fécule.

GLUTEN. Matière qui reste lorsqu'on a enlevé de la farine des céréales, l'amidon qu'elle contenait ; aliment azoté pour le végétal.

GRASSETTES. De la famille des Lentibulariées. Les feuilles de ce végétal sont, dit-on, vénéneuses pour les moutons. Elles ont la propriété de coaguler le lait.

GUI. *Plante parasite* dont la feuille est toujours verte et qui croît par touffes et gros bouquets sur le hêtre, le chêne, le pommier et le poirier, sur les sorbiers, aubépines, peupliers et chênes. Les anciens Gaulois vénéraient le gui. Les grives, les merles et autres oiseaux recherchent avidement le fruit du gui, lorsque en hiver ils manquent d'autre nourriture. Les graines que renferme ce fruit venant à tomber sur une branche y adhèrent et y germent.

H

HASTÉE. Feuilles triangulaires et échancrées à leur base, forme de lance.

HERBIER. Collection de plantes desséchées et mises entre des feuilles de papier.

HERBIVORE. Qui se nourrit d'herbes.

HILE. Le centre du hile est considéré comme la base de la graine.

HOUX. Arbrisseau toujours vert dont les feuilles sont luisantes et armées de piquants. Il appartient à la famille des Asparaginées, dont les feuilles sont alternes, opposées ou verticillées.

I

IGNAME. Genre de plante exotique sarmenteuse et grimpante.

IMBRIQUÉ. Feuilles qui se recouvrent les unes les autres comme les tuiles d'un toit ou comme les écailles d'un poisson.

IMPARIPENNÉE. Quand la tige principale se termine par une foliole solitaire.

INDUVIE. Bractée qui enveloppe la noisette et la châtaigne.

INSERTION. Manière dont les feuilles sont insérées sur la tige.

INVOLUCRÉ. Bractée qui forme le *calicule* de la fraise ; sorte de collet qui soutient la fleur comme dans l'œillet ; c'est une feuille modifiée.

INVOLUTÉ. Lorsque les deux moitiés de feuilles dans le bourgeon sont tordues en dedans (*poirier*).

IODE. Substance simple d'un gris bleuâtre volatile à une température un peu élevée, et qui répand, lorsqu'on la chauffe, une vapeur un peu violette.

J

JACINTHE. Plante herbacée à fleurs printanières et odoriférantes, à feuilles opposées, alternes ou radicales. Elle appartient à la famille des Liliacées.

JASMIN. De la famille des Jasminées. On en tire une essence parfumée des plus suaves ; il y en a deux espèces communes : le *jasmin officinal*, qui porte des fleurs blanches ; et le *jasmin cytise*, qui en porte de jaunes. Les feuilles en sont simples, lancéolées et d'un vert frais.

L

Laitue. Plante potagère et médicinale; on en cultive plusieurs variétés : laitues pommées, romaines, frisées, etc. Les *laitues pommées* sont ainsi nommées parce que leurs feuilles sont arrondies et réunies comme autour du cœur d'un chou. Les *laitues romaines* ont des feuilles longues et rétrécies vers le sommet.

On appelle *lactucarium* le suc amer qu'on tire de la tige de cette plante. Elle jouit des propriétés de l'opium qui sont soporifiques (voy. ce mot).

Landes. Grande étendue de terre inculte et stérile.

Latanier. Palmier dont les feuilles sont en éventail.

Laurier. Il y a cinq espèces de lauriers : 1° le *laurier commun*, dont on se sert pour aromatiser les aliments. C'est le laurier d'Apollon, dont les anciens couronnaient les généraux victorieux; 2° le *laurier cannelier*, dont l'écorce roulée en plaques rouges est connue sous le nom de *cannelle*, condiment d'une saveur chaude et sucrée; 3° le *laurier camphrier*, qui fournit le camphre; 4° le *muscadier*, dont les semences sont nommées *noix muscades*, et employées comme épice. Les feuilles des Laurinées sont alternes ou opposées et ordinairement persistantes. L'étymologie de *bachelier*, *baccalauréat*, *baccæ laureæ* (baies de laurier).

Le bois des arbres de la famille des Laurinées est généralement dur; on l'emploie en ébénisterie.

Lavatera.

Lichen. De la famille des Algues. Plantes sèches et coriaces qui vivent sur l'écorce des arbres, sur la pierre, la terre humide et sur les rochers les plus stériles. Les lichens que l'on voit sur les menhirs et autres monuments historiques en Bretagne sont remarquables par leur forme et leur couleur d'un gris jaune d'apparence foliacée. Certains lichens ont des propriétés médicinales; quelques-uns offrent des ressources alimentaires aux habitants de plusieurs régions septentrionales, spécialement aux Islandais. Le *lichen d'Islande* constitue la *pâte de lichen*.

Le *lichen pulmonaire* pousse sur l'écorce de chêne, tandis que le lichen très apprécié en pharmacie et appelé *lichen pyxide* abonde aux environs de Paris.

Ligule. Membrane que l'on voit au haut de la gaine d'un grand nombre de céréales.

Lilas. Arbrisseau qui fleurit au printemps, originaire de Perse. Il est de la famille des Oléinées. Les feuilles en sont opposées, les fleurs sont réunies en *thyrses*, c'est-à-dire en bouquets très ramifiés.

Limbe. Ce mot vient du latin *limbus* (bande).

Lin. Type de la famille des Linées : les fibres de l'écorce constituent un fil, le plus fort de tous après la soie.

Linéaire (feuille) à bords parallèles dans toute la longueur et souvent obtus au sommet comme la feuille de l'If commun.

Lis. Il y a plusieurs espèces de lis toutes propres à l'ornement. Les feuilles sont alternes, opposées ou radicales, la racine est bulbeuse ou fibreuse. Le lis, fleur d'un blanc éclatant, est le symbole de l'innocence. On en extrait une huile émolliente. Le mot *fleurdelysé* est un terme de blason et désigne une figure imitant trois fleurs de lis. Les Liliacées, plantes herbacées de la même famille, sont remarquables par la beauté de leur port et une élégance simple.

Lobe. Division arrondie d'une feuille séparée des autres divisions par une fente plus ou moins ouverte.

Lotier. Appartient à la famille des Papilionacées; on le trouve dans les prairies naturelles mêlé au trèfle. Cette plante porte de charmantes petites fleurs jaunes qui sont, pour la forme, comme le pois de senteur, mais en miniature.

Lupin. Plante légumineuse à feuilles en éventail composées de folioles palmées. Au coucher du soleil, chacune de ces folioles se plie en deux pour s'ouvrir à l'aurore suivante.

Luzerne. Plante légumineuse employée comme fourrage. Sa feuille est à trois folioles.

Lyrée. En forme de lyre.

M

Maculé. Montrant à la surface des taches de couleur différente du fond de la feuille. Ex : les taches de l'arum maculé.

Maïs. Céréale surnommée *blé de Turquie.*

Manglier. Arbre à racines adventives.

Manganèse. Métal cassant et peu fusible, qui s'oxyde à l'air.

Marcescent. Se dit des feuilles lorsqu'elles se dessèchent sans tomber.

Maturation. L'entier développement des fruits et des graines.

Mauve. Plante herbacée; couverte de poils mous. Famille des Malvacées. Les Malvacées sont pour la plupart herbacées en Europe, mais sous les zones torrides elles produisent de très grands arbres. Leurs propriétés mucilagineuses sont d'un usage fréquent; on emploie leurs racines, leurs feuilles et leurs fleurs. Les feuilles sont stipulées, simples, alternes et souvent lobées.

Micropyle. Le point dans la circonférence d'une graine vers lequel se dirige la radicule de l'embryon.

Millet. Graine alimentaire, famille des Graminées. Plante qui atteint plus d'un mètre de hauteur. Le millet est originaire de l'Inde.

Mimosées ou acacias. Ces deux familles sont réunies sous le nom de Légumineuses. Ces espèces offrent plusieurs exemples de deux sortes de feuilles : les *bipennées* et les *tripennées* (voy. ces mots).

Monocotylédon. Qui n'a qu'un seul cotylédon.

Mousse. Plante de la famille des Cryptogames.

Mouture. Action de moudre le blé.

Multifide. Se dit des parties d'une feuille qui sont fendues à peu près jusqu'à leur moitié, en lanières étroites.

Multilobé. A plusieurs lobes.

Multipartite. A divisions très profondes.

Muscade. Noix imprégnée d'une matière aromatique.

Myosotis. Petite fleur bleue de la famille des Borraginées et vulgairement nommée : *Ne m'oubliez pas.*

N

Népenthès. Plante très remarquable originaire de l'Inde et de la famille des Cytinées, qui sont généralement parasites, à tige écailleuse non feuillée. La nervure médiane des feuilles se prolonge en un long filament qui porte une sorte d'urne recouverte d'un opercule (couvercle) qui s'ouvre le jour, se ferme la nuit et se remplit d'un liquide dans son intérieur. De nombreux insectes s'abreuvent de cette eau.

Nervure. Partie filamenteuse qui s'élève sur les feuilles et les pétales.

Noisetier. Arbre qui porte les noisettes, qui a des touffes et pas de fleurs, seulement quelques flocons. Les noisettes se trouvent renfermées dans les pellicules de chaque chaton (voy. ce mot).

O

Oignon. Plante alimentaire qui joue un grand rôle dans la cuisine. Son bulbe est formé de revêtements sphériques qui s'emboîtent les uns dans les autres. Les feuilles sont cylindriques et creuses. Il est de la famille des Liliacées.

Opoponax. Végétal de la famille des Ombellifères et qui a beaucoup d'analogie avec le panais.

Oranger. Arbre toujours vert originaire de Chine, de la famille des Hespéridées. Ce fruit renferme beaucoup de sucre; on tire des fleurs une eau et une essence; cette dernière se nomme, en parfumerie, néroli. On fabrique encore une liqueur avec l'écorce, le curaçao. Feuilles alternes, simples ou composées, et semées de vésicules transparentes. Vertus toniques et stimulantes.

ORCHIS. Plante de la famille des Orchidées. Fleur à folioles internes et externes et d'une forme bizarre. Ses feuilles sont allongées et tachetées de noir.

OROBRANCHE. Plante parasite dont la présence dans les prairies indique qu'il en faut renouveler la culture. Elle appartient à la famille des Orobranchiées.

OSMOSE. Echange qui s'effectue entre deux fluides à travers les membranes organiques.

OVAIRE. Cavité qui renferme les jeunes graines d'un végétal.

OXYGÈNE. Partie de l'air atmosphérique qui entretient la respiration et la combustion.

P

PAILLETTE. Petite feuille mince, écailleuse qui enveloppe la base d'une fleur en partie ou en totalité.

PALISSANDRE. Arbre de la famille des Légumineuses, originaire du Brésil, très estimé en ébénisterie.

PALMÉ. En patte, souvent synonyme de *digité*.

PALMINERVIÉE. Dont les nervures s'étalent comme les doigts de la main ouverte : *palma* (palme), *nervus* (nerf).

PANAIS. Plante potagère dont la racine est d'un blanc jaunâtre.

PANICULE. Assemblage de fleurs qui forment grappes.

PAPYRUS. Arbrisseau d'Egypte dont les anciens fabriquaient du papier.

PARASITE. Plante qui végète sur une autre.

PARENCHYME. Le tissu cellulaire des feuilles vertes. Il est rempli de vésicules qui communiquent entre elles par de petits pores invisibles de formes arrondies ; toutes sont remplies d'un liquide et de matières molles, spongieuses.

PARIPENNÉ, ou *penné sans impaire.* Se dit d'une feuille composée dont toutes les folioles sont disposées par paires.

PATHURIN. Plante qui fait partie des végétaux dans les prairies naturelles. Les *pathurins* font un excellent foin, de même que les *féluques*, les *bromes*, la *flouve*, les *houlques*, les vulpins, la fléole, etc., etc. Rien de plus gracieux que ces plantes si communes et si utiles, et dont une collection complète est très recommandée.

PAVOT. Plante dont le suc est soporifique, à feuilles sessiles. Les graines contiennent une huile douce connue sous le nom d'huile d'œillette.

PECTINE. Base des gelées végétales qui a quelque analogie avec la gomme.

PECTORAL. Se dit d'un végétal propre aux maladies de la poitrine.

PELTÉ. En forme arrondie de bouclier.

PENNATIFIDE, de *pennatus* (ailé) et de *fidus* (divisé). Se dit d'une feuille à nervures pennées et à divisions pointues.

PENNATILOBÉ. Penné jusqu'à la base du limbe.

PENNATIPARTITE. Se dit d'une feuille pennée à divisions profondes.

PENNATISÉQUÉE. Même explication.

PERCE-PIERRE. Plante qui pousse sur les bords de la mer ; qu'on appelle aussi *christe-marine.* Elle appartient à la famille des Ombellifères alimentaires. Ses feuilles charnues se mangent confites dans du vinaigre, à la manière des cornichons.

PERFOLIÉ. De *per* (à travers), *folium* (feuille). Lorsque le disque est traversé par la tige.

PÉRIANTHE. Enveloppe florale, calice et corolle réunis.

PÉRISPERME. Dérivé de *péri* (autour) *sperma* (graine), c'est-à-dire autour de l'embryon. Synonyme d'*albumen*.

PERMÉABLE. Qui peut être traversé par l'air et par l'eau ou un autre fluide.

PERSIL. Plante alimentaire de la famille des Ombellifères, feuilles engainantes et très découpées. La ciguë ressemble beaucoup au persil et s'y trouve souvent mêlée. On les distingue en ce que le persil a des fleurs jaunes verdâtres et une tige *cannelée*, tandis que la tige de la ciguë est lisse. L'odeur du persil est aromatique, celle de la ciguë est nauséabonde.

PERSISTANT. Se dit des feuilles et

des parties de la plante qui subsistent lorsque la fleur est flétrie.

PÉTIOLE. La queue d'une feuille.

PÉTIOLULES. Toutes petites queues ramifiées.

PEUPLIER. Arbre fort haut et d'un port élégant. Il préfère les lieux humides; de la section des Salacinées (saule) dans la famille des Amentacées. La tige des peupliers est droite, unie et blanchâtre; les feuilles sont simples, alternes et comme vernissées. Rien de plus mobile que les feuilles du peuplier-tremble; elles sont rondes et portées sur de longs pétioles.

PISSENLIT. Plante alimentaire et médicinale. De la même tribu que les chicorées, etc., c'est-à-dire les *semiflosculeuses*.

PLANTULE. Rudiment de la plante.

PLATANE. Arbre dont les branches s'étendent beaucoup et dont les feuilles sont très larges; type de la famille des Platanées. Le bois de platane se découpe facilement.

POIRÉ. Boisson faite avec des poires.

POLYSPERME. Plusieurs graines d'un végétal.

PONCTUÉ. Pointillé, étoilé.

PROTOPLASMA. Partie essentiellement vivante de la plante, une gelée granuleuse qui possède les propriétés d'assimilation, de prolifération et d'irritabilité.

Q

QUADRI. Quatre.

QUADRIFOLIÉ. A quatre feuilles.

QUADRILOBE. A quatre lobes.

QUERCITRON. Couleur jaune tirée d'une écorce de chêne d'Amérique.

QUINTIFOLIÉ. A cinq feuilles.

R

RADICAL. Qui naît de la racine.

RADICULE. Rudiment de la racine.

RAIFORT. Espèce de rave d'une saveur piquante astringente.

RAMÉALES. Feuilles qui naissent sur la tige ou sur les rameaux.

RAY-GRASS. Ivraie vivace dont les épillets composés d'un grand nombre de fleurs serrées les unes contre les autres sont disposées alternativement des deux côtés d'un axe sinueux.

RÉCEPTACLE. Axe de la fleur; sorte de plateau sur lequel sont fixées toutes les parties qui la composent.

RECTINERVE. Se dit de nervures parallèles.

RESPIRATION. L'action d'attirer l'air et de le repousser au dehors. Les feuilles respirent la nuit, cette activité étant paralysée pendant le jour par la nutrition diurne.

RÉTICULÉ. Les feuilles des Dicotylédones sont réticulées; les petites nervures s'entrelacent comme les mailles d'une raquette.

RHIZÔME. Tige cachée s'allongeant souterrainement chaque année.

RICIN. Plante exotique et d'ornement, de la famille des Euphorbes. Elle est originaire d'Asie. Sa graine fournit une huile purgative.

RIZIÈRE. Plantation où l'on cultive le riz.

ROSEAU. Plante habituellement aquatique de la famille des Graminées.

S

SACCHARIFICATION. Conversion d'une substance en sucre par la fermentation.

SAFRAN. Plante bulbeuse dont les stigmates de la fleur donnent une couleur jaune. On s'en sert encore comme saveur dans certains mets, tels que le riz. Les feuilles partent seulement de la partie supérieure du bulbe.

SAGITTÉ. Qui a la forme d'un fer de flèche.

SAGOUTIER. Arbre de la famille des Palmiers et dont on retire une fécule, nommée *sagou*. La moelle d'un sagoutier des Moluques produit jusqu'à 350 kil. de sagou.

SAINFOIN. Plante de la famille des

Légumineuses. Feuilles composées de treize à dix-neuf folioles.

SAMARE. On nomme ainsi le fruit ailé de l'érable.

SANTAL. Bois précieux et parfumé.

SARRACÉNIÉES. Plantes herbacées à feuilles radicales avec un pétiole creux en forme d'urne ovoïde ou allongée, au-dessus de laquelle se trouve articulée une lame qui s'y adapte comme un couvercle.

SARRASIN. Graine qui fournit le blé noir.

SEDUM. Plante grasse.

SÉMINALES. Feuilles formées par le développement des cotylédons.

SÉQUÉ. Se dit d'échancrures profondes.

SÉSAME. Herbe originaire de l'Inde et transplantée en Amérique. Sa graine produit de l'huile dont on fait du savon.

SESSILE. Signifie *à cheval sur* le pétiole principal, sans pétiolule particulier.

SIMPLE. Un organe est dit simple lorsqu'il n'est pas formé de pièces dis-tinctes ; lorsqu'il ne se ramifie pas ; lorsqu'il est composé de parties disposées sur un seul rang circulaire.

SON. La partie la plus grossière du blé moulu.

SOUDE. Alcali tiré d'une plante marine du même nom.

SPADICE. Sorte de tige qui se termine en massue et qui porte des organes floraux disposés en cercle à diverses hauteurs.

SPATHE. Enveloppe membraneuse qui renferme des groupes de fleurs.

SPIRALE. En tire-bouchon.

SPORES. Les spores sont des cellules simples par lesquelles des végétaux nommés cryptogames et autres se reproduisent sans graines.

STIGMATE. Partie supérieure du pistil.

STIPULES. Se dit des deux appendices foliacés en partie soudés au pétiole au point où il s'attache à la tige.

STOMATES. Bouches d'exhalation à la surface de l'épiderme des feuilles.

STRIÉ. Dont la surface présente des stries : petites côtes ou filets séparés par des raies enfoncées.

T

TAMARINIER. Arbre de la famille des Légumineuses, originaire des pays chauds. Le caractère général des feuilles est qu'elles sont alternes, composées et rarement simples, deux stipules à leur base.

TÉGUMENT. Qui sert à couvrir, à envelopper.

TERMINAL. Se dit de ce qui forme l'extrémité d'une partie.

TERRE GLAISE. Terre argileuse dont se servent les sculpteurs pour modeler ; on l'appelle aussi *terre à potier.*

TEXTILE. Qui peut être divisé en fils pour faire du tissu.

THALLES. Une lame de tissu cellulaire de consistance crustacée et entrecroisé de filaments (examiner les lichens).

TRACHÉES. De *trachus* (rude, épais). Petits vaisseaux des plantes qui sont formés d'un fil élastique contourné en spirale.

TRÈFLE. Feuille composée, trifoliée, de la famille des Légumineuses. Plante à fourrage pour prairies artificielles.

TRILOBÉ. Partagé en trois lobes.

TRIPENNÉ. Lorsque le pétiole principal se subdivise en plusieurs pétioles dont les folioles secondaires constituent autant de feuilles bipennées.

TULIPE. Fleur de la famille des Liliacées, originaire de Turquie, racine bulbeuse. Feuilles radicales.

V, Y

VANILLE. Fruit à longue gousse aromatique, de la famille des Orchidées. Tige très longue et grimpante dont sortent des racines adventives qui pendent dans l'atmosphère. Cette plante est originaire du Mexique. Elle est acclimatée dans tous les pays chauds, et en serre dans les pays tempérés.

VARECH. Plante marine qui pousse sur les rochers. L'iode est une substance qui a été découverte dans le varech.

Velouté. Le résultat, chez les feuilles, de cellules épidermiques, en cônes saillants.

Vitriol. Sulfate de cuivre lorsqu'il est bleu, sulfate de fer lorsqu'il est vert.

Vivipare. Qui donne la vie.

Vrille. Des filets qui servent aux plantes pour s'attacher aux corps voisins, comme la vigne.

Vulnéraire. Plante de la famille des Légumineuses, à fleurs jaunes, bonne pour les plaies et les blessures récentes.

Yucca. Plante qui atteint de grandes dimensions et dont plusieurs espèces se sont acclimatées en Europe. Famille des Liliacées; feuilles alternes ou radicales, fleurs terminales.

TABLE DES MATIÈRES

SAINT-CLOUD. — IMPRIMERIE Vᵉ EUG. BELIN ET FILS.

www.ingramcontent.com/pod-product-compliance
Ingram Content Group UK Ltd.
Pitfield, Milton Keynes, MK11 3LW, UK
UKHW021745090726
13657UKWH00002B/936